MUSÉE TEYLER

CATALOGUE SYSTÉMATIQUE

DE LA

COLLECTION PALÉONTOLOGIQUE

PAR

T. C. WINKLER

TROISIÈME SUPPLÉMENT.

HAARLEM — LES HÉRITIERS LOOSJES
1878.

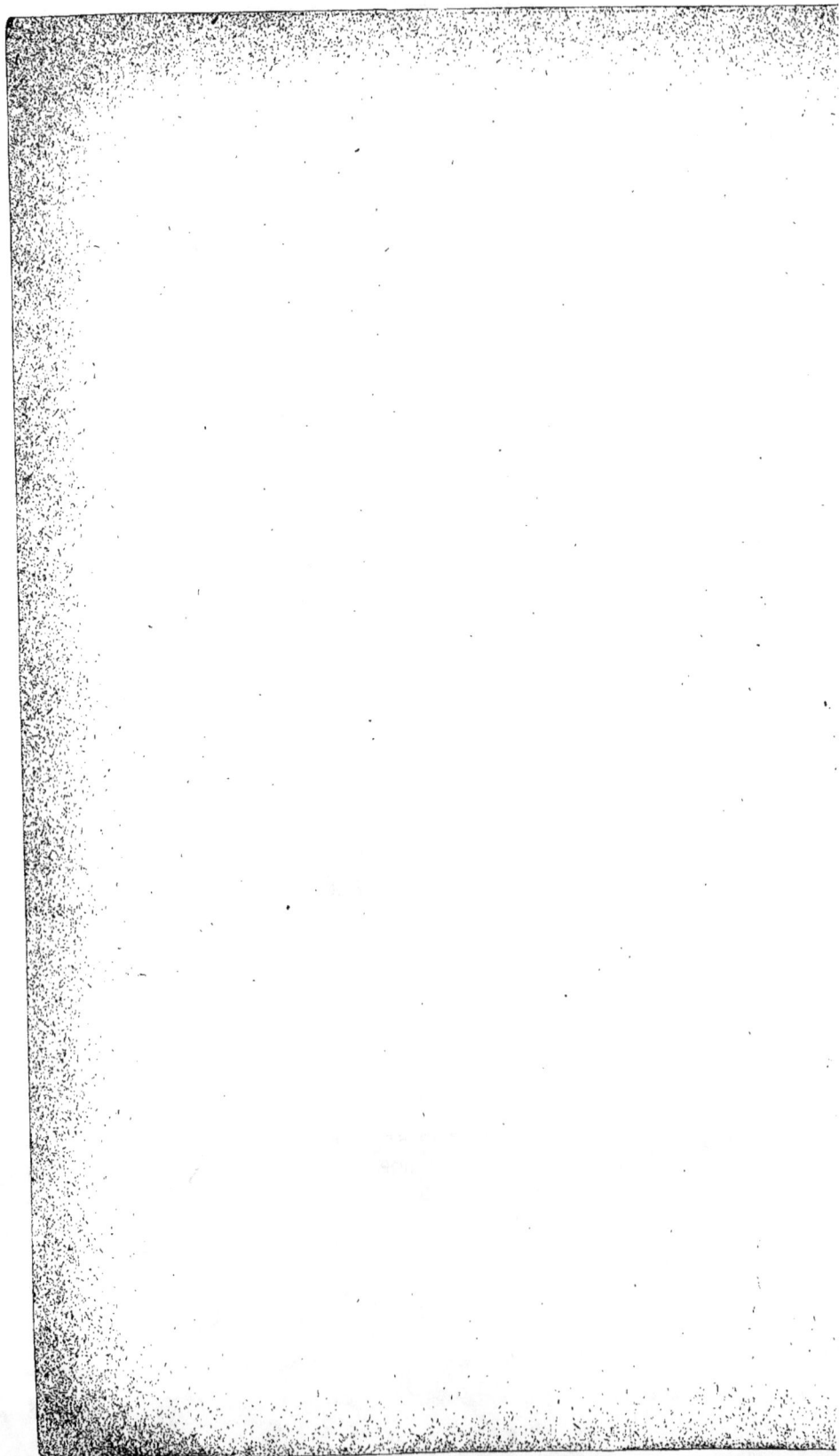

MUSÉE TEYLER

CATALOGUE SYSTÉMATIQUE

DE LA

COLLECTION PALÉONTOLOGIQUE

PAR

T. C. WINKLER

Docteur ès-sciences; Correspondant étranger de la Société géologique de Londres; Membre de la Société hollandaise des Sciences à Haarlem; Membre de la Société des Arts et des Sciences à Utrecht; Membre de la Société de Médicine, de Chirurgie et de Physique à Amsterdam; Membre de la Société batave de Philosophie à Rotterdam; Membre correspondant de la Société malacologique belge à Bruxelles; Membre correspondant de la Société zoologique argentine à Cordoba, Rép. Argentine; Membre correspondant de la Société des naturalistes à Emden; Membre honoraire de la Société zoologique néerlandaise à Rotterdam; Membre de la Société de Littérature néerlandaise à Leyde; Membre correspondant de la Société Isis à Dresde; Membre honoraire de la Société zoologique royale Natura Artis Magistra à Amsterdam; Membre de la Société zélandaise des Sciences; Membre correspondant de la Société des Naturalistes à Mecklenbourg; Membre de la Société paléontologique suisse; Membre correspondant de la Société géologique de Belgique; Conservateur au Musée Teyler à Haarlem.

TROISIÈME SUPPLÉMENT.

HAARLEM — LES HÉRITIERS LOOSJES
1878.

CATALOGUE SYSTÉMATIQUE

DE LA

COLLECTION PALÉONTOLOGIQUE

PAR

T. C. WINKLER.

———

Troisième supplément.

———

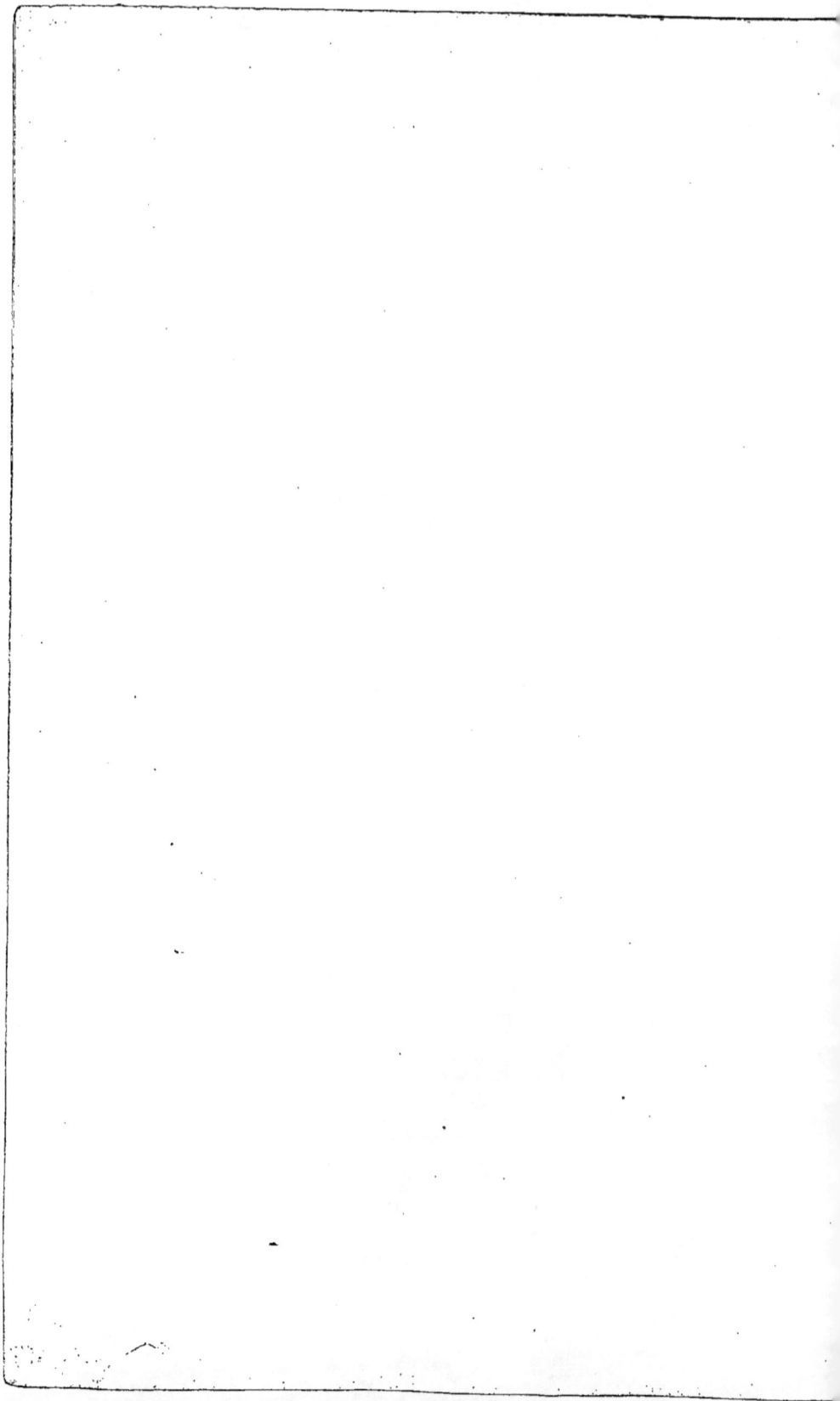

PÉRIODE PALÉOZOÏQUE.

Époques silurienne, dévonienne, carbonifère et permienne.

VÉGÉTAUX.

Plantes vasculaires.

MONOCOTYLÉDONES.

CRYPTOGAMES.

EQUISÉTACÉES.

No. 13640.	**Calamites** *sp*	T.	21*d.*
» 13651.	**Id.**	»	21*d.*
» 13652.	**Id.**	»	21*d.*
» 13653.	**Id.**	»	21*d.*
» 13654.	**Id.**	»	21*d.*
» 13659.	**Id.**	»	20*d.*
» 13660.	**Id.**	»	20*d.*
» 13739.	**Id.**	»	19*e.*
» 13740.	**Id.**	»	19*e.*
» 13741.	**Id.**	»	19*e.*
» 13742.	**Id.**	»	19*e.*
» 13820.	**Id.**	»	22*e.*
» 13821.	**Id.**	»	22*e.*
» 13822.	**Id.**	»	22*e.*
» 13823.	**Id.**	»	22*e.*
» 13824.	**Id.**	»	22*e.*

17*

FOUGÈRES.

No. 13641.	**Fougère** *sp*	T. 21*d*.
" 13644.	**Id.**	" 21*d*.
" 13645.	**Id.**	" 21*d*.
" 13646.	**Id.**	" 21*d*.
" 13647.	**Id.**	" 21*d*.
" 13648.	**Id.**	" 21*d*.
" 13649.	**Id.**	" 21*d*.
" 13650.	**Id.**	" 21*d*.
" 13655.	**Id.**	" 21*d*.
" 13656.	**Id.**	" 21*d*.
" 13731.	**Id.**	" 19*e*.
" 13732.	**Id.**	" 19*e*.
" 13733.	**Id.**	" 19*e*.
" 13734.	**Id.**	" 19*e*.
" 13735.	**Id.**	" 19*e*.
" 13736.	**Id.**	" 19*e*.
" 13737.	**Id.**	" 19*e*.
" 13738.	**Id.**	" 19*e*.
" 13815.	**Id.**	" 22*e*.
" 13816.	**Id.**	" 22*e*.
" 13817.	**Id.**	" 22*e*.
" 13818.	**Id.**	" 22*e*.
" 13819.	**Id.**	" 22*e*.

STIGMAIRES.

| No. 13637. | **Stigmaria** *sp* | T. 21*d*. |
| " 13730. | **Id.** | " 19*e*. |

SIGILLAIRES.

No. 13608.	**Sigillaria** *sp*	T. 21*f*.
" 13609.	**Id.**	" 21*f*.
" 13610.	**Id.**	" 21*f*.
" 13611.	**Id.**	" 21*f*.
" 13612.	**Id.**	" 21*f*.
" 13613.	**Id.**	" 21*f*.
" 13614.	**Id.**	" 21*f*.
" 13615.	**Id.**	" 21*f*.
" 13616.	**Id.**	" 21*f*.
" 13617.	**Id.**	" 21*f*.

No. 13618. **Sigillaria** *sp* .... T. 21*f*.
» 13619. **Id.** .... » 21*f*.
» 13620. **Id.** .... » 21*f*.
» 13621. **Id.** .... » 21*f*.
» 13622. **Id.** .... » 21*f*.
» 13623. **Id.** .... » 21*f*.
» 13624. **Id.** .... » 21*f*.
» 13625. **Id.** .... » 21*f*.
» 13626. **Id.** .... » 21*f*.
» 13627. **Id.** .... » 21*f*.
» 13628. **Id.** .... » 21*f*.
» 13629. **Id.** .... » 21*f*.
» 13630. **Id.** .... » 21*f*.
» 13631. **Id.** .... » 21*f*.
» 13632. **Id.** .... » 21*f*.
» 13633. **Id.** .... » 21*f*.
» 13635. **Id.** .... » 21*f*.
» 13636. **Id.** .... » 21*f*.
» 13638. **Id.** .... » 21*d*.
» 13639. **Id.** .... » 21*d*.
» 13657. **Id.** .... » 21*d*.
» 13658. **Id.** .... » 21*d*.
» 13661. **Id.** .... » 20*d*.
» 13662. **Id.** .... » 20*d*.
» 13663. **Id.** .... » 20*d*.
» 13664. **Id.** .... » 20*d*.
» 13665. **Id.** .... » 20*d*.
» 13666. **Id.** .... » 20*d*.
» 13667. **Id** .... » 20*d*.
» 13668. **Id.** .... » 20*d*.
» 13669. **Id.** .... » 20*d*.
» 13670. **Id.** .... » 20*d*.
» 13671. **Id.** .... » 20*d*.
» 13672. **Id.** .... » 20*d*.
» 13673. **Id.** .... » 20*d*.
» 13674. **Id.** .... » 20*d*.
» 13675. **Id.** .... » 20*d*.
» 13677. **Id.** .... » 20*d*.
» 13680. **Id.** .... » 20*d*.
» 13681. **Id.** .... » 20*d*.
» 13682. **Id.** .... » 20*d*.
» 13683. **Id.** .... » 20*d*.
» 13684. **Id.** .... » 20*d*.
» 13686. **Id.** .... » 20*d*.

No. 13687. **Sigillaria** *sp* .... T. 20*d*.
  " 13688. **Id.** .... " 20*d*.
  " 13689. **Id.** .... " 20*d*.
  " 13690. **Id.** .... " 20*d*.
  " 13691. **Id** .... " 19*b*.
  " 13692. **Id.** .... " 19*b*.
  " 13693. **Id.** .... " 19*b*.
  " 13694. **Id.** .... " 19*b*.
  " 13695. **Id.** .... " 19*b*.
  " 13696. **Id.** .... " 19*b*.
  " 13697. **Id.** .... " 19*b*.
  " 13698. **Id.** .... " 19*b*.
  " 13699. **Id.** .... " 19*b*.
  " 13700. **Id.** .... " 19*b*.
  " 13701. **Id.** .... " 19*b*.
  " 13702. **Id.** .... " 19*b*.
  " 13703. **Id.** .... " 19*b*.
  " 13704. **Id.** .... " 19*b*.
  " 13705. **Id.** .... " 19*b*.
  " 13706. **Id.** .... " 19*b*.
  " 13707. **Id.** .... " 19*b*.
  " 13708. **Id.** .... " 19*b*.
  " 13709. **Id.** .... " 19*b*.
  " 13710. **Id.** .... " 19*b*.
  " 13711. **Id.** .... " 19*b*.
  " 13712. **Id.** .... " 19*b*.
  " 13713. **Id.** .... " 19*b*.
  " 13714. **Id.** .... " 19*e*.
  " 13715. **Id.** .... " 19*e*.
  " 13716. **Id.** .... " 19*e*.
  " 13717. **Id.** .... " 19*e*.
  " 13718. **Id.** .... " 19*e*.
  " 13719. **Id.** .... " 19*e*.
  " 13720. **Id.** .... " 19*e*.
  " 13721. **Id.** .... " 19*e*.
  " 13722. **Id.** .... " 19*e*.
  " 13723. **Id.** .... " 19*e*.
  " 13724. **Id.** .... " 19*e*.
  " 13725. **Id.** .... " 19*e*.
  " 13726. **Id.** .... " 19*e*.
  " 13727. **Id.** .... " 19*e*.
  " 13728. **Id.** .... " 19*e*.
  " 13743. **Id.** .... " 19*e*.
  " 13744. **Id.** .... " 19*e*.

No. 13745.	**Sigillaria** *sp*	T. 19*e*.
" 13746.	**Id.**	" 19*e*.
" 13747.	**Id.**	" 19*e*.
" 13748.	**Id.**	" 22*c*.
" 13749.	**Id.**	" 22*c*.
" 13750.	**Id.**	" 22*c*.
" 13751.	**Id.**	" 22*c*.
" 13752.	**Id.**	" 22*c*.
" 13753.	**Id.**	" 22*c*.
" 13754.	**Id.**	" 22*c*.
" 13755.	**Id.**	" 22*c*.
" 13756.	**Id.**	" 22*c*.
" 13757.	**Id.**	" 22*c*.
" 13758.	**Id.**	" 22*c*.
" 13759.	**Id.**	" 22*c*.
" 13760.	**Id.**	" 22*c*.
" 13761.	**Id.**	" 22*c*.
" 13762.	**Id.**	" 22*c*.
" 13763.	**Id.**	" 22*c*.
" 13764.	**Id.**	" 22*c*.
" 13765.	**Id.**	" 22*c*.
" 13766.	**Id.**	" 22*c*.
" 13767.	**Id.**	" 22*c*.
" 13768.	**Id.**	" 22*c*.
" 13769.	**Id.**	" 22*c*.
" 13770.	**Id.**	" 22*c*.
" 13771.	**Id.**	" 22*c*.
" 13772.	**Id.**	" 22*c*.
" 13773.	**Id.**	" 22*c*.
" 13774.	**Id.**	" 22*c*.
" 13775.	**Id.**	" 22*c*.
" 13776.	**Id.**	" 22*c*.
" 13777.	**Id.**	" 22*c*.
" 13778.	**Id.**	" 22*d*.
" 13779.	**Id.**	" 22*d*.
" 13780.	**Id.**	" 22*d*.
" 13781.	**Id.**	" 22*d*.
" 13782.	**Id.**	" 22*d*.
" 13783.	**Id.**	" 22*d*.
" 13784.	**Id.**	" 22*d*.
" 13785.	**Id.**	" 22*d*.
" 13786.	**Id.**	" 22*d*.
" 13787.	**Id.**	" 22*d*.
" 13788.	**Id.**	" 22*d*.

No. 13789. **Sigillaria** *sp* .... T. 22*d*.
   » 13790. **Id.** .... » 22*d*.
   » 13791. **Id.** .... » 22*d*.
   » 13792. **Id.** .... » 22*d*.
   » 13793. **Id.** .... » 22*d*.
   » 13794. **Id.** .... » 22*d*.
   » 13795. **Id.** .... » 22*d*.
   » 13796. **Id.** .... » 22*d*.
   » 13797. **Id.** .... » 22*d*.
   » 13798. **Id.** .... » 22*d*.
   » 13799. **Id.** .... » 22*d*.
   » 13800. **Id.** .... » 22*d*.
   » 13801. **Id.** .... » 22*e*.
   » 13802. **Id.** .... » 22*e*.
   » 13803. **Id.** .... » 22*e*.
   » 13804. **Id.** .... » 22*e*.
   » 13805. **Id.** .... » 22*e*.
   » 13806. **Id.** .... » 22*e*.
   » 13807. **Id.** .... » 22*e*.
   » 13808. **Id.** .... » 22*e*.
   » 13809. **Id.** .... » 22*e*.
   » 13810. **Id.** .... » 22*e*.
   » 13811. **Id.** .... » 22*e*.
   » 13812. **Id.** .... » 22*e*.
   » 13813. **Id.** .... » 22*e*.
   » 13814. **Id.** .... » 22*e*.

LYCOPODIACÉES.

No. 13634. **Saginaria** *sp* .... T. 21*f*.
   » 13642. **Id.** .... » 21*d*.
   » 13643. **Id.?** .... » 21*d*.
   » 13676. **Id.** .... » 20*d*.
   » 13678. **Id.** .... » 20*d*.
   » 13679. **Id.** .... » 20*d*.
   » 13685. **Id.** .... » 20*d*.
   » 13729. **Id.** .... » 19*e*.

No. 13844. **Plantes a déterminer.**
      des houillères du Piesberg, Osnabrück .... T. 15*e*.

ANIMAUX.

Céphalopodes.

TENTACULIFÈRES.

NAUTILIDES.

No. 14309.	Orthoceratites *sp*	T. 15*d*.
» 14310.	Id.	» 15*d*.
» 14311.	Id.	» 15*d*.
» 14312.	Id.	» 15*d*.
» 14313.	Id.	» 15*d*.

Vertébrés.

POISSONS.

GANOIDES RHOMBIFÈRES.

LÉPIDOSTÉIDES.

No. 14286.	Palaeoniscus *sp*	T. 15*d*.
» 14287.	Id.	» 15*d*.
» 14288.	Id.	» 15*d*.
» 14289.	Id.	» 15*d*.
» 14290.	Id.	» 15*d*.
» 14291.	Id.	» 15*d*.

PÉRIODE MÉSOZOÏQUE.

Époques triasique, jurassique et crétacée.

VÉGÉTAUX.

Plantes cellulaires.

ACOTYLÉDONES.

ALGES.

ULVACÉES.

No. 14037. **Cylindrites spongioides** Goepp.
Voyez:
Goeppert < *Leopold. Acad.*, T. XIX, part. II, p. 115,
pl. XLVI, fig. 3—5; pl. XLVIII, fig. 1, 2.
du terrain crétacé de Hubelschwerdt, Silésie. . . . . . . T. 24*d*.

No. 14038. **Plante à déterminer** . . . . T. 24*d*.
" 14039. **Id.** . . . . " 24*d*.
" 14040. **Id.** . . . . " 24*d*.
" 14035. **Id.** (Debeya serrata Miquel?)
du sénonien de Silésie . . . . " 24*d*.
" 14036. **Id.** (Salicites dubius Goepp.?)
du sénonien de Kieslingswald . . . . " 24*d*.

FLORIDÉES.

No. 14345. **Fucoide** *sp.* du lias de Boll . . . . T. 15*e*.
" 14346. **Id.** Ib. . . . . " 15*e*.
" 14347. **Id.** Ib. . . . . " 15*e*.
" 14348. **Id.** Ib. . . . . " 15*e*.

Plantes vasculaires.

MONOCOTYLÉDONES.

ÉQUISÉTACÉES.

No. 14329. **Calamites** *sp* .... T. 15*e*.
  " 14380. **Id.** .... " 15*e*.
  " 14381. **Id.** .... " 15*e*.
  " 14332. **Id.** .... " 15*e*.
  " 14333. **Id.** .... " 15*e*.
  " 14334. **Id.** .... " 15*e*.
  " 14335. **Id.** .... " 15*e*.
  " 14336. **Id.** .... " 15*e*.
  " 14837. **Id.** .... " 15*e*.
  " 14338. **Id.** .... " 15*e*.
  " 14839. **Id.** .... " 15*e*.

DICOTYLÉDONES.

MONOCHLAMYDÉES.

CYCADÉES.

No. 14340. **Pterophyllum Jaegeri** Brongn.
    Osmundites pectinatus Jäger.
    Ptilophyllum Jägeri Mores.

Voyez :

Brongniart, *Prodrom.*, p. 95.
Jäger, *Pflanzenverstein.*, p. 29, 37, pl. V, VI, VII,
    fig. 1.—5.
                                     T. 15*e*.
  " 18341. **Id.** .... T. 15*e*.
  " 18342. **Id.** .... " 15*e*.
  " 13343. **Id.** .... " 15*e*.
No. 14858. **Zamites Feneonis** Brongn.?

Voyez :

Brongniart, *Prodrom.*, p. 94.
de Cirin .... A. 27.

18*

CUPRESSINÉES.

No. 14207. **Arthrotaxites** *sp.* de Solenhofen . . . . T. 15*a*.
  » 14208. **Id.** . . . . » 15*a*.
  » 14209. **Id.** . . . . » 15*a*.
  . 14210. **Id.** . . . . » 15*a*.
  - 14211. **Id.** . . . . » 15*a*.
  » 14212. **Id.** . . . . » 15*a*.
  » 14213. **Id.** . . . . » 15*a*.
  » 14214. **Id.** . . . . » 15*a*.
  » 14215. **Id.** . . . . » 15*a*.
  » 14216. **Id.** . . . . » 15*a*.
  » 14217. **Id.** . . . . » 15*a*.
  » 14218. **Id.** . . . . » 15*a*.

No. 14831. **Conifère** du lias de Lyme Regis . . . . A. 26.

ANIMAUX.

ÉCHINODERMES.

CRINOÏDES.

PYCNOCRINIDÉES.

No. 14314. **Encrinus liliiformis** Lamk.
  Encrinitis liliiformis Schloth.
  Encrinitis moniliformis Mill.
  Pentacrinus entrocha Blainv.
  Encrinus entrocha D'Orb.

Voyez:

Lamarck, *Syst.*, p. 379.
Schlotheim, *Petref.*, T. I, p. 385; T. III, p. 72, 88, pl. XXIII, fig. 1.
Miller, *Crinoïd.*, p. 40, pl. II, fig. 1.
Goldfuss, *Petr. Germ.*, T. 1, p. 177, pl. LIII, fig. 8; pl. LIV.
D'Orbigny, *Crinoïd.*, pl. XVIII. . . . . T. 15*d*.

COMATULIDES.

No. 14176. **Pterocoma** *sp.* de Solenhofen.................. T. 14*d*.
» 14177. **Id.** Ib. .... » 14*d*.
» 14178. **Id.** Ib. .... » 14*d*.
» 14179. **Id.** Ib. .... » 14*d*.
» 14180. **Id.** Ib. .... » 14*d*.

STELLÉRIDES.

No. 14173. **Ophiurella** *sp.* de Solenhofen.............. ... T. 14*d*.
» 14174. **Id.** Ib. .... » 14*d*.
» 14175. **Id.** Ib. .... » 14*d*.

ASTÉRIDES.

No. 14172. **Asterias** *sp.* de Solenhofen................... T. 14*d*.

Mollusques.

BRYOZAIRES.

CENTRIFUGINÉS.

TUBULIPORIDES.

No. 14416. **Heteropora ramosa** Koch & Dunker.
Heteropora arborea Roem.

Voyez:

Koch & Dunker, *Nordd. Oolith.*, pl. VI, fig. 14.
Roemer, *Verstein. Ool.*, T. 11, p. 12, pl. XVII, fig. 17.
du néocomien de Gross Berklingen .... T. 16*b*.
» 14417. **Id.** **Id.** Ib. .. .. » 16*b*.

ACÉPHALES.

PLEUROCONQUES.

OSTRACÉS.

No. 14407. **Ostrea aquila** D'Orb.
Gryphea sinuta Sow.
Gryphea aquila Brongn.
Exogyra aquila Goldf.

Voyez :

D'Orbigny, *Pal. franç. Terr. crét.*, T. III, p. 706,
pl. CDLXX.
Sowerby, *Min. Conch.*, T. IV, p. 43, pl. CCCXXXVI.
Brongniart < Cuvier, *Oss. foss.*, T. II, p. 382, 614,
pl. IX, fig. 11.
Goldfuss, *Petr. Germ.*, T. II, p. 36, pl. LXXXVII, fig. 3.
du néocomien de Gross Berklingen. . . . . T. 16b.

PECTINIDES.

No. 14406. **Pecten latissimus** Defr.
Ostrea latissima Brocch.
Pecten laticostatus Lamk.
Pecten nodosiformis Pusch.

Voyez :

Defrance < *Dict.*, T. XXXVIII, p. 255.
Brocchi, *Conch. Subap.*, T. II, p. 581.
Lamarck, *Anim. sans vert.*, T. VI, part. 1, p. 179.
Pusch, *Pol. paléont.*, p. 42, pl. V, fig. 9. . . . T. 16b.

No. 14405. **Pecten** *sp.* . . . . T. 16b.

LIMIDES.

No. 14413. **Lima longa** Roem.
Lima elongata Roem.

Voyez :

Roemer, *Kreid.*, p. 57.
Roemer, *Ool.*, T. II, p. 79, pl. XIII, fig. 11.
du Hilsthon d'Ahlfeld. . . . . T. 16b.

ORTHOCONQUES.

INTÉGROPALLÉALES.

No. 14414. **Cyprina** *sp.* du néocomien d'Osterwald........... T. 16*b*.

CÉPHALOPODES.

TENTACULIFÈRES.

AMMONITIDES.

No. 14410. **Hamites (bifurcatus?)**......... .... T. 16*b*.

No. 14409. **Ancyloceras Renauxianus** D'Orb.

Voyez:

D'Orbigny, *Pal. franc. terr. crét.*, T. I, p. 499, pl. CXXIII.

du néocomien d'Escragnolles.................... T. 16*b*.

No. 14408. **Crioceras Duvali** D'Orb.
Crioceratites Duvalii Lév.
Crioceratites Honoratii Lév.

Voyez:

D'Orbigny, *Pal. franc. terr. crét.*, T. 1, p. 459, pl. CXIII.
Léveillé < *Mém. géol.*, T. II, p. 313, 314, pl. XXII, fig. 1, 2.

du néocomien de Castellana..................... T. 16*b*.

" 14411. **Id.** du néocomien de Hanovre.................. " 16*b*.

No. 14412. **Ammonites angulatus** Schloth.

Voyez:

Schlotheim, *Petref.*, T. 1, p. 70.
Quenstedt, *Petref.*, p. 74, pl. IV, fig. 2.... T. 16*b*.

No. 14413. **Ammonites subumbilicatus** Bronn.
Ammonites Gaytani Klipst.

Voyez:

Bronn < Hauer, *Cephalop. des Salzkamm.*, p. 17, pl. VII, fig. 1—7.
Klipstein, *Beitr.*, p. 110, pl. V, fig. 4.
D'Orbigny, *Prodrom.*, T. 1, p. 181.

de Hallstatt................................. T. 16*b*.

No. 14419. **Ammonites subumbilicatus** Bronn.

d'Aussee, Autriche............................... T. 16b.

« 14420.	Id.	1b.	....	"	16b.
« 14421.	Id.	1b.	....	"	16b.
» 14422.	Id.	1b.	....	«	16b.
« 14423.	Id.	de Hallstatt . .	....	"	16b.
" 14425.	Id.	d'Aussee	....	"	16b.
« 14426.	Id.	de Hallstatt	....	"	16b.
« 14427.	Id.	1b.	....	«	16b.
« 14428.	Id.	. 1b.	....	"	16b.
" 14429.	Id.	1b.	....	"	16b.
» 14435.	Id.	d'Aussee	....	"	16b.
» 14424.	Id.	(ausseeanus Hauer?)	....	"	16b.

No. 14430. **Ammonites Simonyi** Hauer.

Voyez :

v. Hauer, *Naturwiss.*, p. 270, pl. IX, fig. 4—6.
D'Orbigny, *Prodrom.*, T. I, p. 188.

de Hallstatt.......................... .... T. 16b.

No. 14431. **Ammonites neojurensis** Quenst.

Voyez :

Quenstedt < *Jahrb.* 1845, p. 683.
v. Hauer, *Cephal. d. Salzkamm.*, p. 8, pl. III, fig. 2—4.

de Hallstatt................................ T. 16b.

« 14433.	Id.	d'Aussee	....	«	16b.
« 14434.	Id.	1b.	....	«	16b.
« 14437.	Id.	1b.	....	«	16b.
« 14438.	Id.	1b.	....	«	16b.

No. 14432. **Ammonites debilis** Hauer.

Voyez :

v. Hauer, *Cephal. d. Salzkamm.*, p. 10, pl. IV, fig. 1—3.
d'Aussee.................................. T. 16b.

No. 14436. **Ammonites galeatus** Hauer.

Voyez :

v. Hauer, *Cephal d. Salzkamm.*, p. 12, pl. V, VI.
de Hallstatt............................... T. 16b.

No. 14442. **Ammonites amoenus** Hauer.

Voyez :

v. Hauer, *Cephal. d. Salzkamm.*, p. 21, pl. VII, fig. 8—10.
T. 16b.

No. 14203.	Ammonites *sp*....	T. 14*d*.
" 14439.	Id. d'Aussee.............................	" 16*b*.
" 14440.	Id. (Meyeri HAUER?) d'Aussee...	" 16*b*.
" 14441.	Id. (Haidingeri?) de Hallstatt.........	" 16*b*.
" 14443.	Id. (striato-falcatus HAUER?) d'Aussee......	" 16*b*.
" 14444.	Id. *sp*. du Salzkammergut..	" 16*b*.
" 14445.	Id.	" 16*b*.
" 14446.	Id.	" 16*b*.
" 14447.	Id.	" 16*b*.
" 14448.	Id.	" 16*b*.

NAUTILIDES.

No. 14451. Orthoceras alveolare QUENST.

Voyez :

QUENSTEDT < *Jahrb.* 1845, p. 684.
v. HAUER, *Cephal. d. Salzk.*, p. 40, pl. XI, fig. 11, 12.
d'Aussee.................................. T. 16*b*.

No. 14453. Orthoceras latiseptatum HAUER.

Voyez :

v. HAUER, *Cephal. d. Salzk.*, p. 41, pl. XI, fig. 9, 10.
d'Aussee.. .... T. 16*b*.

No. 14449.	Orthoceras *sp*. (convergens HAUER?) d'Aussee.	T. 16*b*.
" 14450.	Id. Id. de Hallstatt.	" 16*b*.
" 14452.	Id. (reticulatum?) de Hallstatt.............	" 16*b*.
" 14454.	Id. (adpressum?) d'Aussee.............	" 16*b*.
" 14455.	Id. Id. Ib	" 16*b*.
" 14456.	Id. (pulchellum?) d'Aussee	" 16*b*.
" 14457.	Id.	" 16*b*.
" 14458.	Id.	" 16*b*.
" 14459.	Id.	" 21*f*.
" 14460.	Id.	" 16*b*.

CÉPHALOPODES ACÉTABULIFÈRES.

TEUTHIDES.

No. 14075.	Acanthoteuthis *sp*. de Solenhofen..............	T. 23*e*.
" 14076.	Id. Ib.	" 23*e*.
" 14077.	Id. Ib.	" 23*e*.
" 14078.	Id.? Ib.	" 23*e*.
" 14079.	Id.? Ib.	" 23*e*.
" 14082.	Id.? Ib.	" 23*e*.
" 14083.	Id.? Ib.	" 23*e*.

19

SÉPIDES.

No. 14197. **Sepia** *sp.* de Solenhofen .... T. 14*d*.
„ 14204. **Id.** Ib. .... „ 14*e*.
„ 14205. **Id.** Ib. .... „ 14*e*.
„ 14206. **Id.** Ib. .... „ 14*e*.

Articulés.

ANNÉLIDES TUBICOLES.

No. 14415. **Serpula antiquata** Sow.

Voyez :

SOWERBY, *Min. Conch.*, T. VI, p. 202, pl. DXCVIII, fig. 4.
du Hilsthon d'Ahlfeld........ .... T. 16*b*.

CRUSTACÉS.

XIPHOSURES.

No. 14080. **Limulus** *sp.* de Solenhofen .... T. 23*a*.
„ 14081. **Id.** Ib. .... „ 23*a*.

DÉCAPODES MACROURES.

SALICOQUES.

No. 14098. **Mecochirus longimanus** SCHLOTH.
Macrourites longimanatus SCHLOTH.
Megachirus locusta MÜNST.
Pterochirus elongatus MÜNST.
Mecochirus locusta BRONN.

Voyez:

OPPEL, *Mitth.*, p. 82, pl. XXII, fig. 4; pl. XXIII, fig. 1.
SCHLOTHEIM, *Petref.*, T. 1, p. 38; T. II, p. 56.
MÜNSTER, *Beitr.*, Heft. II, p. 28, 31, pl. XI, XVI, fig. 3.
BRONN, *Leth. geogn.*, T. IV, p. 240, pl. XXVII,
fig. 1, 16a.

de Solenhofen ... . T. 14b.

No. 14099.	Id.	Ib.	....	" 14b.
" 14100.	Id.	Ib.	....	" 14b.
" 14101.	Id.	Ib.	....	" 14b.
" 14102.	Id.	Ib.	....	" 14b.
" 14103.	Id.	Ib.	....	" 14b.
" 14104.	Id.	Ib.	....	" 14b.
" 14105.	Id.	Ib.	....	" 14b.
" 14106.	Id.	Ib.	....	" 14b.

No. 14112. **Mecochirus Bajeri** GERM.
Megachirus Bajeri MÜNST.
Megachirus fimbriatus MÜNST.
Megachirus intermedius MÜNST.
Pterochirus remimanus MÜNST.

Voyez:

GERMAR < KEFERSTEIN, *Deutschl.*, T. IV, p. 103, fig. 5.
MÜNSTER, *Beitr.*, Heft. II, p 27, 33, 35, pl. XII,
XIII, fig. 4—7; pl. XVI, fig. 1, 2.
BRONN, *Leth. geogn.*, T. IV, p. 240, pl. XXVII, fig. 16b.
OPPEL, *Mitth.*, p. 83, pl. XXIII, fig. 2.

de Solenhofen ... . T. 14b.

" 14113.	Id.	Ib.	....	" 14b.
" 14114.	Id.	Ib.	....	" 14b.
" 14115.	Id.	Ib.	....	" 14b.
" 14116.	Id.	Ib.	....	" 14b.
" 14117.	Id.	Ib.	....	" 14b.
" 14118.	Id.	Ib.	....	" 14b.
" 14128.	Id.	Ib.	....	" 14b.

No. 14150.	**Mecochirus** *sp.* de Solenhofen		T. 14b.
" 14151.	Id.	Ib.	" 14b.

No. 14131. **Elder** *sp.* de Solenhofen........................ T. 14b.

No. 14141. **Blaculla** *sp.* de Solenhofen..................... T. 14b.

No. 14107. **Aeger tipularius** Schloth.
>*Macrourites tipularius* Schloth.
>*Palaemon spinipes* Desm.
>*Aeger spinipes* Münst.
>*Aeger longirostris* Münst.
>*Aeger tennimanns* Münst.

Voyez :
>Oppel, *Mitth.*, p. 110, pl. XXXIV, fig. 1, 2.
>Schlotheim, *Petref.*, T. II, p. 32, pl. 11, fig. 1.
>Desmarets, *Hist. nat. crust. foss.*, p. 134, pl. II, fig. 4.
>Münster, *Beitr.*, Heft. 11, p. 65, 67, 68, pl. XXIV, fig. 1—5; pl. XXVI.
>Pictet, *Paléont.*, T. II, p. 455, 457, pl. XLIII, fig. 4.

de Solenhofen .... T. 14*b*.

" 14108.	Id.	Ib.	....	" 14*b*.
" 14140.	Id.	Ib.	....	" 14*b*.
" 14152.	Id.	Ib.	....	" 14*b*.
" 14153.	Id.	Ib.	....	" 14*b*.

No. 14109. **Aeger** *sp.* de Solenhofen ....•.......... T. 14*b*.

No. 14111. **Penaeus speciosus** Münst.
>*Antrimpos speciosus* Münst.
>*Antrimpos augustus* Münst.
>*Antrimpos bidens* Münst.
>*Antrimpos decemdens* Münst.
>*Antrimpos nonodon* Münst.
>*Antrimpos trifidus* Münst.
>*Koelga quindens* Münst.
>*Koelga gibba* Münst.
>*Koelga septidens* Münst.
>*Koelga laevirostris* Münst.
>*Penaeus spinosus* Quenst.

Voyez :
>Oppel, *Mitth*, p. 92, pl. XXV, fig. 5; pl. XXVI, fig. 1.
>Münster, *Beitr*, Heft. 11, p. 50—53, 61—63, pl. XVII, fig. 1—10; pl. XVIII, fig. 1, 2; pl. XIX, fig. 1; pl. XXII, fig. 1; pl. XXIII, fig. 1—4.
>Quenstedt, *Handb.*, p. 278, pl. XXI, fig. 2.

de Solenhofen .. .. T. 14*b*.

No. 14129. **Penaeus Meyeri** Opp.
>*Antrimpos sexidens?* Münst.
>*Koelga quatridens?* Münst.
>*Koelga dubia?* Münst.
>*Koelga tridens?* Münst.

Voyez:

OPPEL, *Mitth.*, p. 96, pl. XXVI, fig. 2, 3.
MÜNSTER, *Beitr.*, Heft. II, p. 55, 61.
de Solenhofen .... T. 14*b*.

No. 14130. **Id.** Ib. .... « 14*b*.
» 14138. **Id.** Ib. .... « 14*b*.
» 14139. **Id.** Ib. .... « 14*b*.

No. 14143. **Penaeus** *sp.* de Solenhofen.................... T. 14*b*.
» 14144. **Id.** Ib. .... » 14*b*.
» 14154. **Id.** Ib. .... « 14*b*.

ASTACIENS.

No. 14119. **Bolina** *sp.* de Solenhofen...................... T. 14*b*.
» 14120. **Id.** Ib. .... » 14*b*.

No. 14125. **Eryma minuta** SCHLOTH.
Macrourites minutus SCHLOTH.
Glyphea minuta MÜNST.
Glyphea verrucosa MÜNST.

Voyez.

OPPEL, *Mitth.*, p. 39, pl. VIII, fig. 6—8.
SCHLOTHEIM, *Petref.*, T. II, p. 28, pl. III, fig. 3.
MÜNSTER, *Beitr.*, Heft. II, p. 20, pl. IX, fig. 8—11.
de Solenhofen .... T. 14*b*.

No. 14121. **Eryma modestiformis** SCHLOTH.
Macrourites modestiformis SCHLOTH.
Glyphea modestiformis MÜNST.
Glyphea laevigata MÜNST.
Glyphea crassula MÜNST.
Aura Desmaresti? MÜNST.
Astacus modestiformis QUENST.

Voyez:

OPPEL, *Mitth.*, p. 33, pl. VI, fig. 5—8.
SCHLOTHEIM, *Petref.*, T. II, p. 29, pl. II, fig. 3.
MÜNSTER, *Beitr.*, Heft. II, p. 17, pl. VIII, fig. 5;
p. 20, pl. IX, fig. 2, 3, 5, 6; p. 26, pl. X,
fig. 5.
QUENSTEDT, *Haudb.*, p. 268, pl. XX, fig. 15.
de Solenhofen .... T. 14*b*.
» 14122. **Id.** Ib. .... » 14*b*.
» 14123. **Id.** Ib. .... » 14*b*.

No. 14110. **Eryma fuciformis** Schloth.
  Macrourites fuciformis Schloth.
  Astacus spinimanus Germ.
  Glyphea fuciformis Münst.
  Glyphea intermedia Münst.

Voyez :

OPPEL, *Mitth.*, p. 41, pl. IX, fig. 2—6.
SCHLOTHEIM, *Petref.*, T. II, p. 30, pl. II, fig. 2.
GERMAR ⊂ KEFERSTEIN, *Deutschl.*, p. 101, pl. Ia, fig. 3.
MÜNSTER, *Beitr.*, Heft. II, p. 16, 17, 18, pl. VIII,
  fig. 1, 2, 6, 7.
de Solenhofen .... T. 14*b*.

- 14124. **Id.** Ib. .... « 14*b*.
- 14126. **Id.** Ib. .... « 14*b*.
- 14132. **Id.** Ib. .... « 14*b*.
- 14136. **Id.** Ib. .... « 14*b*.

No. 14127. **Glyphea pseudoscyllarus** Schloth.
  Macrourites pseudoscyllarus Schloth.
  Orphnea pseudoscyllarus Schloth.
  Orphnea striata Münst.
  Orphnea laevigata Münst.
  Orphnea pygmaea Münst.
  Brisa dubia Münst.
  Brisa lucida Münst.

Voyez :

OPPEL, *Mitth.*, p. 72, pl. XVIII, fig. 2; pl. XIX,
  fig. 1—5.
SCHLOTHEIM, *Petref.*, T. II, p. 30, pl. XII, fig. 5.
MÜNSTER, *Beitr.*, Heft. II, p. 39, 40, 41, 42, 46,
  pl. XIV, fig. 1, 2, 3, 5, 6; pl. XV, fig. 3, 4.
de Solenhofen .... T. 14*b*.

- 14134. **Id.** Ib. .... « 14*b*.

No. 14145. **Glyphea** *sp.* de Solenhofen .... T. 14*b*.
- 14146. **Id.** Ib. .... « 14*b*.
- 14147. **Id.** Ib. .... « 14*b*.
- 14148. **Id.** Ib. .... « 14*b*.
- 14149. **Id.** Ib. .... « 14*b*.

CUIRASSÉS.

No. 14142. **Palinurina intermedia** Münst.

Voyez :

v. Münster, *Beitr.*, T. II, p. 37, pl. XIV, fig. 9, 10;
pl. XXIX, fig. 8.

de Solenhofen .... T. 14*b*.

No. 14091. **Eryon propinquus** Schloth.

Macrourites propinquus Schloth.
Eryon Schlotheimi v. Meyer.
Eryon speciosus Münst.
Eryon Meyeri Münst.

Voyez :

Oppel, *Mitth.*, p. 12, pl. I, fig. 2- 4; pl. II, fig. 1.
Schlotheim, *Petref.*, T. II, p. 35; pl. III, fig. 2.
v. Meyer < *Nov. Act. Leop. Acad.*, T. XVIII, p. 280.
Münster, *Beitr.*, Heft. 11, p. 5, pl. II; p. 6, pl. III,
fig. 1, 2, pl. IV.

de Solenhofen .... T. 14*b*.

„ 14092. **Id.**   Ib. .... „ 14*b*.

No. 14093. **Eryon arctiformis** Schloth.

Macrourites arctiformis Schloth.
Eryon Cuvieri Desm. et Brongn.
Eryon Cuvieri v. Meyer.
Eryon arctiformis Münst.
Eryon pentagonus Münst.
Eryon subpentagonus Münst.
Eryon arctiformis Bronn.

Voyez :

Oppel, *Mitth.*, p. 15, pl. III, fig. 1.
Schlotheim, *Petref.*, T. II, p. 34, pl. III, fig. 1.
Desmarest et Brongniart, *Crust. foss.*, p. 128, pl. X,
fig. 4.
v. Meyer < *Nov. Act. Leop. Acad.*, T. XVIII, p. 273,
pl. XII, fig. 5.
Münster, *Beitr.*, Heft. II, p. 8, 10, pl. I, VI, fig. 1, 2.
Bronn, *Leth. geogn.*, T. IV, p. 27, pl. XXVII, fig. 2.
Pictet, *Paléont.*, T. II, p. 441, pl. XLII, fig. 2.

de Solenhofen .... T. 14*b*.

„ 14094. **Id.**   Ib. .... „ 14*b*.
„ 14095. **Id.**   Ib. .... „ 14*b*.
„ 14096. **Id.**   Ib. .... „ 14*b*.
„ 14097. **Id.**   Ib. .... „ 14*b*.

No. 14135. **Eryon orbiculatus** Münst.
         Eryon latus Münst.
         Eryon subrotundus Münst.

Voyez :

    Münster, *Beitr.*, Heft. II, p. 7, 8, 12, pl. V, fig. 1,
        2, 4, 6; pl. VII, fig. 1, 4, 5.
    Oppel, *Mitth.*, p. 14, pl. II, fig. 3.
    de Solenhofen .... T. 14*b*.

No. 14137. **Eryon** *sp.* de Solenhofen .... T. 14*b*.

No. 14133. **Crustacé** de Solenhofen .... T. 14*b*.
    » 14155. **Id.**   Ib.   ... . » 14*b*.
    » 14156. **Id.**   Ib.   .... » 14*b*.
    » 14157. **Id.**   Ib.   .... » 14*b*.
    » 14158. **Id.**   Ib.   .... » 14*b*.
    » 14159. **Id.**   Ib.   .... » 14*b*.
    » 14160. **Id.**   Ib.   .... » 14*b*.
    » 14852. **Id.** de Cirin, Ain .... A. 27.

INSECTES.

No. 14161. **Insecte** *à déterminer*, de Solenhofen .... T. 14*d*.
    » 14162. **Id.**   Ib.   .... » 14*d*.
    » 14163. **Id.**   Ib.   .... » 14*d*.
    » 14164. **Id.**   Ib.   .... » 14*d*.
    » 14165. **Id.**   Ib.   .... » 14*d*.
    » 14166. **Id.**   Ib.   .... » 14*d*.
    » 14167. **Id.**   Ib.   .... » 14*d*.
    » 14168. **Id.**   Ib.   .... » 14*d*.
    » 14169. **Id.**   Ib.   .... » 14*d*.
    » 14170. **Id.**   Ib.   .... » 14*d*.
    » 14171. **Id.**   Ib.   .... » 14*d*.

Vertèbrés.

POISSONS.

PLAGIOSTOMES.

RAJIDES.

No. 14838. **Spathobatis bugesiacus** Thioll.

Voyez:

THIOLLIÈRE, *Sur un nouveau gisement, etc.*, p. 21.
THIOLLIÈRE, *Deuxième notice, etc.*, p. 21.
THIOLLIÈRE, *Descr. Poiss. foss. de Bugey*, 1me Livr.,
 p. 7, pl. I, 11; 2me Livr., pl. I, fig. 2.
du kimmeridgien de Cirin, Ain .... A. 28.

SQUALIDES.

No. 14835. **Phorcynis catulina** Thioll.

Voyez:

THIOLLIÈRE, *Poiss. foss. de Bugey*, Livr. I, p. 9, pl. 1II
 fig. 2; Livr. II, p. 12.
de Cirin, Ain .... A. 28.

No. 14297. **Dents de requin**, de Maestricht...............		T.	15*d*.
" 14298. **Id.**	Ib.	.... "	15*d*.
" 14299. **Id.**	Ib.	.... "	15*d*.
" 14800. **Id.**	Ib.	.... "	15*d*.
" 14801. **Id.**	Ib.	.... "	15*d*.
" 14302. **Id.**	Ib.	.... "	15*d*.
" 14303. **Id.**	Ib.	.... "	15*d*.
" 14804. **Id.**	Ib.	.... "	15*d*.
" 14305. **Id.**	Ib.	.... "	15*d*.
" 14806. **Id.**	Ib.	.... "	15*d*.
" 14807. **Id.**	Ib.	.... "	15*d*.
" 14808. **Id.**	Ib.	.... "	15*d*.

20

GANOIDES RHOMBIFÈRES.

PYCNODONTES.

No. 13991. **Gyrodus hexagonus** WAGN.
Microdon hexagonus AG.
Voyez :

WAGNER < *Abh. Bayer. Acad.*, T. VI, p. 40, pl. 111, fig. 1.
AGASSIZ, *Poiss. foss.*, T. II, part. II, p. 206, pl. LXIXc, fig. 4, 5.
de Solenhofen .... T. 24*f.*

" 13992.	**Id.**	Ib.	....	" 24*f.*
" 13993.	**Id.**	Ib.	....	" 24*f.*
" 13994.	**Id.**	Ib.	....	" 24*f.*
" 13997.	**Id.**	Ib.	....	" 13*a.*

No. 14839. **Pycnodus Bernardi** THIOLL.
Voyez :

THIOLLIÈRE, *Descr. Poiss. foss. de Bugey*, 1me Livr., p. 17, pl. V.
de Cirin................................ A. 27.

No. 14843. **Pycnodus Wagneri** THIOLL.
Voyez :

THIOLLIÈRE, *Descr. Poiss. foss. de Bugey*, 1me Livr., p. 23, pl. VII, fig. 1.
de Cirin................................ A. 27.

LÉPIDOSTÉIDES.

No. 13989. **Macrosemius rostratus** AG.
Voyez :

AGASSIZ, *Poiss. foss.*, T. II, part. II, p. 150, pl. XLVIIa, fig. 1.
de Solenhofen .... T. 24*f.*

" 13990. **Id.** Ib. .... " 24*f.*

No. 13984. **Caturus furcatus** AG.
Voyez :

AGASSIZ, *Poiss. foss.*, T. II, part. II, p. 116, pl. LVIa.
de Solenhofen......................... T. 24*f.*

" 13985. **Id.** Ib. .... " 24*f.*
" 13986. **Id.** Ib. .... " 24*f.*
" 13987. **Id.** Ib. .... " 24*f.*

No. 13988. **Caturus latus** AG.

Voyez:

AGASSIZ, *Poiss. foss.*, T. 11, part. II, p. 117, pl. LVI.
de Solenhofen.................................. T. 24*f*.

* 14837. **Id.** de Cirin................................. A. 27.

No. 14836. **Caturus velifer** THIOLL.? de Cirin........... A. 27.

No. 13995. **Caturus** *sp.* de Solenhofen............. .... T. 13*d*.

No. 13981. **Pholidophorus microps** AG.

Voyez:

AGASSIZ, *Poiss. foss.*, T. 11, part. I, p. IX, 275,
pl. XXXVIII, fig. 1.
de Solenhofen................................. T. 24*f*.

* 13982. **Id.**   Ib. .... * 24*f*.

No. 13983. **Pholidophorus taxis** AG.?

Voyez:

AGASSIZ, *Poiss. foss.*, T. 11, part. 1, p. 287.
de Solenhofen................................. T. 24*f*.

No. 13996. **Pholidophorus** *sp.?* de Solenhofen........... T. 13*d*.

* 14848. **Id.** *sp.?* de Cirin, Ain................. A. 27.

No. 14888. **Ophiopris Guigardi** THIOLL.

Voyez:

THIOLLIÈRE, *Poiss. foss. de Bugey*, Livr. 11, p. 19, pl. VII.
de Cirin, Ain .... A. 27.

No. 14849. **Notagogus** *sp.* de Cirin...................... A. 27.

No. 14850. **Pleuropholis** *sp.?* de Cirin .... A. 27.

No. 13979. **Belonostomus Münsteri** AG.

Voyez:

AGASSIZ, *Poiss. foss.*, T. II, part. 11, p. 141, pl. XLVII*a*,
fig. 2.
WINKLER, *Poiss. foss. de Solenh.*, p. 34, fig. 5.
de Solenhofen................................. T. 24*f*.

* 13980. **Id.**   Ib. .... * 24*f*.

No. 13976. **Aspidorhynchus acutirostris** AG.

Esox acutirostris BLAINV.

Voyez:

AGASSIZ, *Poiss. foss.*, T. 11, part. II, p. 186, pl. XLVI.
BLAINVILLE, *Ichthyol.*, p. 28.
de Solenhofen .... T. 24*f*.

* 13977. **Id.**   Ib. .... * 24*f*.

* 13978. **Id.**   Ib. .... * 24*f*.

20*

GANOIDES CYCLIFÈRES.

LEPTOLÉPIDES.

No. 14834.　**Megalurus polyspondylus** Münst.

Voyez:

WAGNER < *Acad. Munch.*, T. VI, p. 71; T. IX, p. 718.
THIOLLIÈRE, *Poiss. foss. de Bugey*, Livr. II, p. 22,
pl. VIII, fig. 1.
de Cirin, Ain .... A. 28.

No. 14842.　**Thrissops Heckeli** Thioll.? de Cirin......... A. 28.

No. 14840.　**Thrissops Regleyi** Thioll.

Voyez:

THIOLLIÈRE, *Descr. Poiss. foss. du Bugey*, 1me Livr.,
p. 27, pl. X, fig. 2; 2me Livr., p. 23.
de Cirin................................... A. 28.
„ 14841.　**Id.** Ib. .... „ 28.

No. 13968.　**Leptolepis clupeiformis** Winkl.

Voyez:

WINKLER, *Poiss. foss. de Solenh.*, p. 9, fig. 1.
de Solenhofen .... T. 24f.
„ 13969.　**Id.**　Ib.　............................. „ 24f.
· 13970.　**Id.**　Ib.　............................. „ 24f.
„ 13971.　**Id.**　Ib.　............................. „ 24f.
„ 13972.　**Id.**　Ib.　............................. „ 24f.
„ 13973.　**Id.**　Ib.　............................. „ 24f.
· 13974.　**Id.**　Ib.　............................. „ 24f.
„ 13975.　**Id.**　Ib.　............................. „ 24f.

No. 13938.　**Leptolepis Voithi** Ag.
Ascalabos Voithii Münst.

Voyez:

AGASSIZ, *Poiss. foss.*, T. II, part. II, p. 131, pl. LXIa,
fig. 2—4.
MÜNSTER, *Beitr.*, Heft. I, p. 112, pl. XII, fig. 5.
de Solenhofen... .... T. 24f.

No. 13989. **Leptolepis Voithi** Ag. de Solenhofen .... T. 24*f.*
» 13940. **Id.** 1b. . ... » 24*f.*
» 13941. **Id.** 1b. . ... » 24*f.*
» 13942. **Id.** 1b. .... » 24*f.*
» 13943. **Id.** 1b. .... » 24*f.*
» 13944. **Id.** 1b. .... » 24*f.*
» 13945. **Id.** 1b. .... » 24*f.*
» 13946. **Id.** 1b. .... » 24*f.*
» 13947. **Id.** 1b. .... » 24*f.*
» 13948. **Id.** 1b. .... » 24*f.*
» 13949. **Id.** 1b. .... » 24*f.*
» 13950. **Id.** 1b. .... » 24*f.*
» 13951. **Id.** 1b. .... » 24*f.*
» 13952. **Id.** 1b. .... » 24*f.*
» 13953. **Id.** 1b. .... » 24*f.*
» 13954. **Id.** 1b. .... » 24*f.*
» 13955. **Id.** 1b. .... » 24*f.*
» 13956. **Id.** 1b. .... » 24*f.*
» 13957. **Id.** 1b. .... » 24*f.*
» 13958. **Id.** 1b. .... » 24*f.*
» 13959. **Id.** 1b. .... » 24*f.*
» 13960. **Id.** 1b. .... » 24*f.*
» 13961. **Id.** 1b. .... » 24*f.*
» 13962. **Id.** 1b. .... » 24*f.*
» 13963. **Id.** 1b. .... » 24*f.*
» 13964. **Id.** 1b. .... » 24*f.*
» 13965. **Id.** 1b. .... » 24*f.*
» 13966. **Id.** 1b. .... » 24*f.*
» 13967. **Id.** 1b. .... » 24*f.*
No. 13937. **Leptolepis dubius** Ag.
Clupea dubia BLAINV.
Voyez:
AGASSIZ, *Poiss. foss.*, T. II, part. II, p. 134.
BLAINVILLE, *Fisch.*, p. 69.
de Solenhofen .... T. 24*f.*

No. 13927. **Leptolepis Knorri** Ag.
Clupea Knorrii BLAINV.
Voyez:
AGASSIZ, *Poiss. foss.*, T. II, part. II, p. 134.
BLAINVILLE, *Fisch.*, p. 68.
de Solenhofen .... T. 24*f.*
» 13928. **Id.** 1b. .... » 24*f.*
» 13929. **Id.** 1b. .... » 24*f.*
» 13930. **Id.** 1b. .... » 24*f.*

No. 13931. **Leptolepis Knorri** Aɢ. de Solenhofen . . . . T. 24*f.*
 » 13932. **Id.**   Ib.   . . . . » 24*f.*
 » 13933. **Id.**   Ib.   . . . . » 24*f.*
 » 13934. **Id.**   Ib.   . . . . » 24*f.*
 » 13935. **Id.**   Ib.   . . . . » 24*f.*
 » 13936. **Id.**   Ib.   . . . . » 24*f.*

No. 13923. **Leptolepis polyspondylus** Aɢ.
      Voyez :
   Aɢᴀssɪᴢ, *Poiss. foss.*, T. II, part. II, p. 133, pl. LXI,
    fig. 7, 8.
   de Solenhofen . . . . T. 24*f.*
 » 13924. **Id.** Ib. . . . . » 24*f.*
 » 13925. **Id.** Ib. . . . . » 24*f.*
 » 13926. **Id.** Ib. . . . . » 24*f.*

No. 13897. **Leptolepis macrolepidotus** Aɢ.
      Voyez :
   Aɢᴀssɪᴢ, *Poiss. foss.*, T. II, part. II, p. 132, pl. LXI,
    fig. 4—6.
   de Solenhofen . . . . T. 24*f.*
 » 13898. **Id.** Ib. . . . . » 24*f.*
 » 13899. **Id.** Ib. . . . . » 24*f.*
 » 13900. **Id.** Ib. . . . . » 24*f.*
 » 13901. **Id.** Ib. . . . . » 24*f.*
 » 13902. **Id.** Ib. . . . . » 24*f.*
 » 13903. **Id.** Ib. . . . . » 24*f.*
 » 13904. **Id.** Ib. . . . . » 24*f.*
 » 13905. **Id.** Ib. . . . . » 24*f.*
 » 13906. **Id.** Ib. . . . . » 24*f.*
 » 13907. **Id.** Ib. . . . . » 24*f.*
 » 13908. **Id.** Ib. . . . . » 24*f.*
 » 13909. **Id.** Ib. . . . . » 24*f.*
 » 13910. **Id.** Ib. . . . . » 24*f.*
 » 13911. **Id.** Ib. . . . . » 24*f.*
 » 13912. **Id.** Ib. . . . . » 24*f.*
 » 13913. **Id.** Ib. . . . . » 24*f.*
 » 13914. **Id.** Ib. . . . . » 24*f.*
 » 13915. **Id.** Ib. . . . . » 24*f.*
 » 13916. **Id.** Ib. . . . . » 24*f.*
 » 13917. **Id.** Ib. . . . . » 24*f.*
 » 13918. **Id.** Ib. . . . . » 24*f.*
 » 13919. **Id.** Ib. . . . . » 24*f.*
 » 13920. **Id.** Ib. . . . . » 24*f.*
 » 13921. **Id.** Ib. . . . . » 24*f.*
 » 13922. **Id.** Ib. . . . . » 24*f.*

No. 13889. **Leptolepis crassus** Ag.

Voyez :

Agassiz, *Poiss. foss.*, T. II, part. II, p. 131, pl. LXI*a*, fig. 5.

de Solenhofen .... T. 24*f.*

" 13890.	Id.	Ib.	" 24*f.*
" 13891.	Id.	Ib.	" 24*f.*
" 13892.	Id.	Ib.	" 24*f.*
" 13893.	Id.	Ib.	" 24*f.*
" 13894.	Id.	Ib.	" 24*f.*
" 13895.	Id.	Ib.	" 24*f.*
" 13896.	Id.	Ib.	" 24*f.*

No. 13863. **Leptolepis sprattiformis** Ag.

Clupea sprattiformis Blainv.

Voyez :

Agassiz, *Poiss. foss.*, T. II, part. II, p. 130, pl. LXI*a*, fig. 1.
Blainville, *Pisch.*, p. 64.

de Solenhofen .... T. 24*f.*

" 13864.	Id.	Ib.	" 24*f.*
" 13865.	Id.	Ib.	" 24*f.*
" 13866.	Id.	Ib.	" 24*f.*
" 13867.	Id.	Ib.	" 24*f.*
" 13868.	Id.	Ib.	" 24*f.*
" 13869.	Id.	Ib.	" 24*f.*
" 13870.	Id.	Ib.	" 24*f.*
" 13871.	Id.	Ib.	" 24*f.*
" 13872.	Id.	Ib.	" 24*f.*
" 13873.	Id.	Ib.	" 24*f.*
" 13874.	Id.	Ib.	" 24*f.*
" 13875.	Id.	Ib.	" 24*f.*
" 13876.	Id.	Ib.	" 24*f.*
" 13877.	Id.	Ib.	" 24*f.*
" 13878.	Id.	Ib.	" 24*f.*
" 13879.	Id.	Ib.	" 24*f.*
" 13880.	Id.	Ib.	" 24*f.*
" 13881.	Id.	Ib.	" 24*f.*
" 13882.	Id.	Ib.	" 24*f.*
" 13883.	Id.	Ib.	" 24*f.*
" 13884.	Id.	Ib.	" 24*f.*
" 13885.	Id.	Ib.	" 24*f.*
" 13886.	Id.	Ib.	" 24*f.*
" 13887.	Id.	Ib.	" 24*f.*
" 13888.	Id.	Ib.	" 24*f.*

No. 14844. **Leptolepis sprattiformis** Ag. de Cirin........ A. 28.
» 14845. **Id.** Ib. .... » 28.
No. 14846. **Leptolepis** *sp.* de Cirin........... .... A. 28.
» 14847. **Id.** Ib. .... » 28.
» 14851. **Id.** Ib. .... » 28.
No. 14200. **Poisson,** *à déterminer*, de Solenhofen ...... T. 14*d*.
» 14201. **Id.** Ib. ...... » 14*d*.
» 14202. **Id.** Ib. ...... » 14*d*.
» 14084. **Id.** Ib. ...... » 13*f*.
» 14085. **Id.** Ib. ...... » 13*f*.
» 14086. **Id.** Ib. ...... » 13*f*.
» 14087. **Id.** Ib. ...... » 13*f*.
» 14088. **Id.** Ib. ...... » 13*f*.
» 14089. **Id.** Ib. ...... » 13*f*.
» 14090. **Id.** Ib. ...... » 13*f*.

CYCLOIDES ACANTHOPTÉRYGIENS.

SCOMBÉROIDES.

No. 14292. **Enchodus Faujasi** Ag.

Voyez:

AGASSIZ, *Poiss. foss.*, T. V, part. I, p. 65, pl. XXIX, fig. 3.

Mâchoire. — de Maestricht................. T. 15*b*.
» 14293. **Id.** Id. Ib. .... » 15*b*.
No. 14181. **Cololite,** de Solenhofen.. .... T. 14*d*.
» 14182. **Id.** Ib. .... » 14*d*.
» 14183. **Id.** Ib. .... » 14*d*.
» 14184. **Id.** Ib. .... » 14*d*.
» 14185. **Id.** Ib. .... » 14*d*.
» 14186. **Id.** Ib. .... » 14*d*.
» 14187. **Id.** Ib. .... » 14*d*.
» 14188. **Id.** Ib. .... » 14*d*.
» 14189. **Id.** Ib. .... » 14*d*.
» 14190. **Id.** Ib. .... » 14*d*.
» 14191. **Id.** Ib. .... » 14*d*.
» 14192. **Id.** Ib. .... » 14*d*.
» 14193. **Id.** Ib. .... » 14*d*.
» 14194. **Id.** Ib. .... » 14*d*.
» 14195. **Id.** Ib. .... » 14*d*.
» 14196. **Id.** Ib. .... » 14*d*.

REPTILES.

ÉNALIOSAURIENS.

SIMOSAURIENS.

No. 14349. **Nothosaurus mirabilis** Münst.
Saurien de Luneville Cuvier.
Dracosaurus Bronni Münst.
Plesiosaurus lunevillensis Münst.
Ichthyosaurus lunevillensis Alb.
Chelonia lunevillensis Keferst.

Voyez:

Münster < *Jahrb.* 1834, p. 525, 538; 1835, p. 333.
Cuvier, *Oss. foss.*, 4e Ed. T. X, p. 208.
Alberti, *Trias*, p. 51.
Keferstein, *Naturgesch.*, T. II, p. 253.
Bronn, *Leth. geogn.*, T. III, p. 100, pl. XIII, fig. 14, 15;
    pl. XIII¹, fig. 10.
v. Meyer, *Zur Fauna d. Vorw. Rept. Muschelk.*, p. 15,
    pl. I, II.
Pictet, *Paléont.*, T. 1, p. 538, pl. XXVIII, fig. 6, 7.

		Dents. — du Muschelkalk	....	T. 16a.
»	14350.	**Id.** Côte abdominale	....	» 16a.
»	14351.	**Id.** Vertèbre dorsale	....	» 16a.
»	14352.	**Id.** Côte dorsale	....	» 16a.
»	14353.	**Id.** Id.	....	» 16a.
»	14354.	**Id.** Id.	....	» 16a.
»	14355.	**Id.** Os fémur. .	....	» 16a.
»	14356.	**Id.** Id.	....	» 16a.
»	14357.	**Id.** Côte abdominale	....	» 16a.
»	14358.	**Id.** Vertèbre dorsale	....	» 16a.
»	14359.	**Id.** Os humérus	....	» 16a.
»	14360.	**Id.** Mâchoire inférieure gauche	....	» 16a.
»	14361.	**Id.** Os de la ceinture pectorale	....	» 16a.
»	14362.	**Id.** Côte abdominale	....	» 16a.
»	14363.	**Id.** Coracoïdien	....	» 16a.
»	14364.	**Id.** Os du pied	....	» 16a.
»	14365.	**Id.** Os ischion	....	» 16a.
»	14366.	**Id.** Coracoïdien	....	» 16a.
»	14367.	**Id.** Vertèbre	....	» 16a.
»	14368.	**Id.** Côte dorsale	....	» 16a.

21

No. 14369. **Nothosaurus mirabilis** Münst.
    Vertèbres caudales.................... T. 16a.
« 14370. **Id.** Os metatarsien.................... » 16a.
» 14371. **Id.** Vertèbre?.................... » 16a.
» 14372. **Id.** Id.? .... » 16a.
» 14373. **Id.** Omoplate.................... » 16a.
» 14374. **Id.** Vertèbre dorsale.......... » 16a.
» 14375. **Id.** Coracoïdien?..... .... » 16a.
» 14376. **Id.** Os de la ceinture thoracique..... » 16a.
» 14377. **Id.** Omoplate.................... " 16a.
» 14378. **Id.** Vertèbre dorsale.......... » 16a.
» 14379. **Id.** Vertèbre cervicale...... » 16a.
» 14380. **Id.** Vertèbre?.................... » 16a.
» 14381. **Id.** Vertèbre dorsale.......... » 16a.
» 14382. **Id.** Id. .... » 16a.
» 14383. **Id.** Vertèbres caudales.......... » 16a.
» 14384. **Id.** Id. .... » 16a.
» 14385. **Id.** Os tibia?.................... » 16a.
» 14386. **Id.** Vertèbre.................... » 16a.
» 14387. **Id.** Os divers.................... » 16a.
» 14388. **Id.** Id. .... » 16a.
» 14389. **Id.** Id. .... » 16a.
» 14390. **Id.** Id. .... » 16a.
» 14391. **Id.** Côte dorsale.................... » 16a.
» 14392. **Id.** Os divers.................... » 16a.
» 14393. **Id.** Id. .... » 16a.
» 14394. **Id.** Id. .... » 16a.
» 14395. **Id.** Id. .... » 16a.
» 14396. **Id.** Id. .... » 16a.
» 14397. **Id.** Id. .... » 16a.
» 14398. **Id.** Id. .... » 16a.
» 14399. **Id.** Id. .... » 16a.
» 14400. **Id.** Id. .... » 16a.
» 14401. **Id.** Id. .... » 16a.
» 14402. **Id.** Id. .... » 16a.
» 14403. **Id.** Id. .... » 16a.
» 14404. **Id.** Id. .... » 16a.

LACERTIFORMES.

No. 14315. **Mosasaurus Camperi** v. MEYER.

    Cetaceum P. CAMPER.

    Crocodile FAUJ.

    Monitor ADR. CAMPER.

    Le grand saurien de Maestricht CUV.

    Mosasaurus CONYB.

    Mosasaurus Hofmanni MANT.

Voyez:

v. MEYER, *Palaeolog.*, p. 113, 219—221.

P. CAMPER < *Philos. Trans.* 1786, T. LXXVI, p. 443, pl. XV, XVI.

v. MARUM < *Verh. v. Teyler's Tweede Genootsch.* 1790, T. VIII, p. 383, pl. 1.

FAUJAS ST. FOND, *Hist. Mont. St. Pierre*, p. 48, 49, 52, 59, 82, 153, pl. IV—IX, XI, XVIII, fig. 6, 7, pl. XLIX, L? LI, LII.

ADR. CAMPER < *Journ. d. Phys.*, T. LI, p. 278, pl. I, II.

ADR. CAMPER < *Ann. du Mus.* 1812, T. XIX, p. 215; pl. XI, fig. 1—3; pl. XII, fig. 1, 11—15, 17—24; pl. XIII, fig. 1, 3, 4, 19—23.

CUVIER < *Ann. du Mus.* 1808, T. XII, p. 145, pl. XIX, fig. 1; pl. XX, fig. 1—10, 13.

CUVIER, *Oss. foss.*, T. V, part. 11, p. 810, pl. XVIII, fig. 1, 8; pl. XIX, fig. 1, 12, 14, 15?; pl. XX, fig. 1—4, 6—21.

MANTELL, *Geol. of Sussex*, p. 242, pl. XXXIII, fig. 13, pl. XLI, fig. 3.

BRONN, *Leth. geogn.*, T. IV. p. 404, pl. XXXIII, fig. 21, pl. XXXIV, fig. 5, *a*, *b*, *c*.

PICTET, *Paléont.*, T. I, p. 504, pl. XXVI, fig. 3.

STARING, *Notice sur les restes du Mosasaurus et de la Tortue, etc.*, p. 8.

	Dents. - - de Maestricht		....	T.	15*s.*
„ 14316.	**Id.**	I d.	Ib.	....	„ 15*c.*
„ 14317.	**Id.**	I d.	Ib.	....	„ 15*c.*
„ 14318.	**Id.**	I d.	Ib.	....	„ 15*c.*
„ 14319.	**Id.**	I d.	Ib.	....	„ 15*c.*
„ 14320.	**Id.**	I d.	Ib.	....	„ 15*c.*
„ 14321.	**Id.**	I d.	Ib.	....	„ 15*c.*
„ 14322.	**Id.**	I d.	Ib.	....	„ 15*c.*
„ 14323.	**Id.**	I d.	Ib.	....	„ 15*c.*
„ 14324.	**Id.**	I d.	Ib.	....	„ 15*c.*
„ 14325.	**Id.**	I d.	Ib.	....	„ 15*c.*
„ 14326.	**Id.**	I d.	Ib.	....	„ 15*c.*

PÉRIODE CAINOZOÏQUE.

Époques éocène, miocène, pliocène et pleistocène.

VÉGÉTAUX.

Plantes vasculaires.

MONOCOTYLÉDONES.

GRAMINÉES.

No 14003. **Phragmites oeningensis** A. Braun.
  Culmites arundinaceus Ung.

Voyez :

Braun, *Stizenb. Verz.*, p. 75.
Unger, *Ettingsh. foss. Flor. v. Wien*, p. 9, pl. 1, fig. 1 ?
Heer, *Flora tert. Helv.*, T. 1, p. 64, pl. XXII, fig. 5;
  pl. XXIV, XXVII, fig. 2*b*, pl. XXIX, fig. 3*c*;
  T. III, p. 161, pl. CXLVI, fig. 18, 19.

d'Oeningen . . . . T. **24***d*.

- 14004. **Phragmites** *sp.* d'Oeningen . . . . T. **24***d*.
- 14005. **Id.** Ib. . . . . « **24***d*.

DICOTYLÉDONES.

BALSAMIFLUÉES.

No. 18827. **Liquidambar europaeum** A. Braun.
  Liquidambar Seyfriedi Braun.
  Liquidambar acerifolium Ung.
  Acer parschlugeanum Ung.
  Acer Oeynhausianum Goepp.
  Acer cytisifolium Goepp.
  Acer hederaeforme Goepp.

Voyez.

BRAUN, *Stizenb. Verz.*, p. 76.
BRAUN < UNGER, *Genera et Spec.*, 415, 515.
UNGER, *Iconogr.* pl. XX, fig. 28.
UNGER, *Chlor. protog.*, p. 132, pl. XLIII, fig. 5.
GOEPPERT, *Flor. v. Schossnitz*, p. 34, 35, pl. XXIII,
       fig. 7, 10, pl. XXIV, fig. 1—6.
HEER, *Flora tert. Helv.*, T. II, p. 6, pl. LI, LII,
       fig. 1—8; T. III, p. 178, pl. CL, fig. 23—25.
de Schrotzburg . . . . T. 23*f.*

No. 13840. **Id.** . . . . " 23*f.*

SALICINÉES.

No. 13830. **Populus latior** A. BRAUN.
      Populus nigra SCHEUCHZER.
      Populus cordifolia LINDL.
      Populus grosse dentata HEER.
      Populus crenata GOEPP.
      Populus transversa BRAUN.
      Populus Aeoli UNG.
      Phyllites populina BRONGN.

Voyez:

BRAUN < *Jahrb.* 1845, p. 169.
SCHEUCHZER, *Herbar. diluv.*, pl. 11, fig. 4.
LINDLEY < MURCHISON, *Account of Oeningen*, p. 288.
HEER, *Uebers.*, p. 55.
GOEPPERT < *Palaeontograph.*, T. II, p. 276, pl. XXXV,
       fig. 4?
BRAUN, *Stizenb. Verz.*, p. 80.
UNGER, *Iconog.*, p. 45, pl. XXI, fig. 2—5.
BRONGNIART < *Mém. du mus.*, T. VIII, p. 14, fig. 4.
HEER, *Flora tert. Helv.*, T. II, p. 11, pl. LIII—LVII;
       T. III, p. 178.
de Schrotzburg . . . . T. 23*f.*
" 13841. **Id.** d'Oeningen . . . . " 24*d.*
* 14017. **Id.** Ib. . . . . " 24*d.*

No. 13836. **Populus balsamoides** GOEPP.
      Populus crenulata HEER.
      Populus emarginata GOEPP.
      Populus eximia GOEPP.

Voyez :

GOEPPERT, *Flor. v. Schossnitz*, p. 23, 24, pl. XV,
    fig. 2—6, pl. XVI, fig. 3—5.
HEER, *Uebers.*, p. 55.
HEER, *Flora tert. Helv.*, T. II, p. 18, pl. LIX, pl. LX,
    fig. 1—3, pl. LXIII, fig. 5, 6; T. III, p. 173,
    pl. CL, fig. 11.
d'Oeningen.............................. ..... T. 23*f*.

No. 13862. **Populus** *sp.* d'Oeningen....................... T. 24*d*.

No. 13833. **Salix varians** GOEPP.
    Salix Lavateri BRAUN.
    Salix Bruckmanni BRAUN.
    Salix Wimmeriana GOEPP.
    Salix arcuata GOEPP.

Voyez :

GOEPPERT, *Flor. v. Schossnitz*, p. 26, pl. XX, fig. 1, 2,
    pl. XXI, fig. 1—5.
BRAUN, *Stizenb. Vers.*, p. 78.
HEER, *Flora tert. Helv.*, T. II, p. 26, pl. LXV, fig. 1,
    2, 3, 7—16; T. III, p. 174, pl. CL, fig. 1.—6.
d'Oeningen............................ .... T. 23*f*.

No. 14016. **Salix** *sp.* d'Oeningen...... .... T. 24*d*.

─────────

CUPULIFÈRES.

No. 14009. **Quercus neriifolia** BRAUN.
    Quercus lignitum BRAUN.
    Quercus commutata HEER.

Voyez :

BRAUN, *Stizenb. Vers.*, p. 77.
HEER, *Flora tert. Helv.*, T. I, p. 14, 21; T. II, p. 45, pl. I,
    fig. 3, pl. II, fig. 12, pl. LXXIV, fig. 1—7,
    pl. LXXV, fig. 2; T. III, p. 178, pl. CLII, fig. 3.
d'Oeningen .... T. 24*d*.

» 14010. **Id.** Ib. .... » 24*d*.
» 14011. **Id.** Ib. .... » 24*d*.

─────────

ULMACÉES.

No. 13861. **Ulmus minuta** GOEPP.
Ulmus parvifolia BRAUN.

Voyez:

GOEPPERT, *Flor. v. Schossnitz*, p. 31, pl. XIV, fig. 12—14.
BRAUN < UNGER, *Iconogr.*, pl. XX, fig. 21.
HEER, *Flora tert. Helv.*, T. II, p. 59, pl. LXXIX,
fig. 9—13; T. III, p. 181, pl. CLI, fig. 30.

d'Oeningen .... T. 24*d*.

MORÉES.

No. 14002. **Ficus tiliaefolia** HEER.
Cordia tiliaefolia BRAUN.
Tilia prisca BRAUN.
Dombeyopsis tiliaefolia UNG.
Dombeyopsis grandifolia UNG.
Dombeyopsis Stizenbergeri HEER.

Voyez:

HEER, *Flora tert. Helv.*, T. II, p. 68, pl. LXXXIII,
fig. 3—12, pl. LXXXIV, fig. 1—6, pl. LXXXV,
fig. 14; T. III, p. 183, pl. CXLII, fig. 25.
BRAUN < *Jahrb.* 1845, p. 170.
BRAUN < UNGER, *Synops.*, 1845, p. 234.
UNGER, *Genera et Spec.*, p. 447.
HEER, *Verzeichn.*, p. 50.

d'Oeningen .... T. 24*d*.

PLATANÉES.

No. 13825. **Platanus aceroides** GOEPP.

Voyez:

HEER, *Flora tert. Helv.*, T. II, p. 71, pl. LXXXVII,
pl. LXXXVIII, fig. 5—15; T. III, p. 183.
de Schrotzburg .... T. 23*f*.

« 13826.	Id.	Ib.	....	» 23*f*.
« 13828.	Id.	Ib.	....	» 23*f*.
» 13829.	Id.	Ib.	....	» 23*f*.
» 13833.	Id.	Ib.	....	» 23*f*.

LAURINÉES.

No. 13854. **Sassafras Aesculapi** Heer.
Voyez:
Heer, *Flora tert. Helv.*, T. II, p. 82, pl. XC, fig. 13—16.
d'Oeningen.. T. 24*d.*

No. 13831. **Cinnamomum Scheuchzeri** Heer.
Phyllites cinnamomeus Rossm.
Ceanothus polymorphus Braun.
Daphnogene polymorpha Ettingsh.
Ceanothus bilinicus Ung.
Melastomites miconioides Weber.
Voyez:
Heer, *Flora tert. Helv.*, T. II, p. 85, pl. XCI, fig. 4—24,
pl. XCII, XCIII, fig. 1, 5.
Rossmässler, *Altsattel*, pl. I, fig. 3.
Braun < Unger, *Chlor. protog*, pl. XLIX, fig. 12, 13.
Weber < *Palaeontogr.*, T. II, pl. XXIV, fig. 5.
Ettingshausen, *Foss. Flor. v. Wien*, pl. II, fig. 24, 25.
Unger, *Chlor. protog.*, p. 145, pl. XLIX, fig. 9.
d'Oeningen.. T. 23*f.*
„ 13834. **Id.**   Ib. .... „ 23*f.*
„ 13838. **Id.**   Ib. .... „ 23*f.*

No. 13837. **Cinnamomum polymorphum** Heer.
Ceanothus polymorphus Braun.
Daphnogene polymorpha Ettingsh.
Camphora polymorpha Heer.
Voyez:
Heer, *Flora tert. Helv.*, T. II, p. 88, pl. XCIII,
fig. 25—28, pl. XCIV, fig. 1—25, T. III, p. 185.
Braun < *Jahrb.*, 1845, p. 171.
Braun, *Stizenb. Verz.*, p. 88.
Ettingshausen, *M. Promina*, pl. VI, fig. 1—4, 7,
pl. VII, fig. 2.
d'Oeningen.. T. 23*f.*

SANTALACÉES.

No. 13847. **Leptomeria oeningensis** Heer.
Voyez:
Heer, *Flora tert. Helv.*, T. III, p. 189, pl. CLIII,
fig. 32, 33.
d'Oeningen.. T. 24*d.*

No 13849.   **Aristolochia Aesculapi** HEER.

Voyez:

HEER, *Flora tert. Helv.*, T. II, p. 104, pl. C, fig. 11.
Fruit. — d'Oeningen . . . . T. 24*d*.

ÉBÉNACÉES.

No. 14013.   **Diospyros brachysepala** BRAUN.
Diospyros lancifolia BRAUN.
Diospyros longifolia BRAUN.
Tetrapteris harpyarum UNG.
Gitonia macroptera UNG.
Gitonia truncata GOEPP.

Voyez:

BRAUN < *Jahrb.*, 1845, p. 170.
BRAUN < BRUCKMANN, *Verzeichn.*, p. 232.
BRAUN, *Stizenb. Verz.*, p. 33.
UNGER, *Sotzka*, pl. XXIX, fig. 9, 10; pl. XXXIII,
     fig. 4, 8.
GOEPPERT, *Flor. v. Schossnitz*, p. 37, pl. XXV, fig. 11.
HEER, *Flora tert. Helv.*, T. III, p. 11, 191, pl. CII,
     fig. 1—14, pl. CLIII, fig. 39.

d'Oeningen . . . . T. 24*d*.

No. 14012.   **Diospyros** *sp.* (anceps?) d'Oeningen . . . . T. 24*d*.

CONVOLVULACÉES.

No. 13843.   **Porana oeningensis** HEER.
Gitonia oeningensis UNG.
Cordia tiliaefolia BRAUN.

Voyez:

HEER, *Flora tert. Helv.*, T. III, p. 18, 191, pl. CIII,
     fig. 21, 25—28, pl. CLV, fig. 23.
UNGER, *Genera et Spec.*, p. 478.
BRAUN < *Jahrb.*, 1845, p. 170.

d'Oeningen . . . . T. 24*d*.
13848.   **Id.**   Ib. . . . . - 24*d*.

22

ACÉRINÉES.

No. 13882. **Acer angustilobium** Heer . . . . T. 23*f.*
                 Voyez:
            Heer, *Flora teri. Helv.*, T. III, p. 57, pl. CXVII,
               fig. 25*a*; pl. CXVIII, fig. 1--9.

„ 13839. **Id.** . . . . „ 23*f.*

No. 13860. **Acer trilobatum** Heer.
          Phyllites trilobatus Sternb.
          Phyllites lobatus Sternb.
          Acer trilobatum Braun.
          Acer tricuspidatum Braun.
          Acer patens Braun.
          Acer productum Braun.
          Acer protensum Braun.
          Acer vitifolium Ung.
          Platanus cuneifolia Goepp.
                Voyez:
          Heer, *Flora tert. Helv.*, T. III, p. 47, 197, pl. XI,
            fig. 3, 4, 6, 8, pl. CX, fig. 16—21, pl. CXI,
            fig. 1, 2, 5—14, 16, 18—21, pl. CXII,
            fig. 1--8, 11—16, pl. CXIII, pl. CXIV, pl. CXV,
            pl. CXV, fig. 1—3, pl. CLV, fig. 9, 10.
          Sternberg, *Vers. Flora der Vorw.*, T. I, p. 42, 39,
            pl. XXXV, fig. 2, pl. L, fig. 2.
          Braun < *Jahrb.*, 1845, p. 172.
          Braun, *Slizenb. Vers.*, p. 84.
          Braun < Unger, *Chlor. protog.*, p. 130, 131, pl. XLI,
            fig. 1—9.
          Unger, *Chlor. protog.*, p. 133, pl. XLIII, fig. 10?
          Goepfert, *Flor. v. Schossnitz*, pl. XII, fig. 1.
          d'Oeningen . . . . T. 24*d.*

„ 13998. **Acer** *sp* . . . . „ 24*d.*
„ 13999. **Id.** d'Oeningen . . . . „ 24*d.*
„ 14000. **Id.** . . . . „ 24*d.*
„ 14001. **Id.** . . . . „ 24*d.*

SAPINDACÉES.

No. 13857. **Sapindus dubius** Ung.
               Voyez:
          Heer, *Flora tert. Helv.*, T. III, p. 63, pl. CXX, fig. 9—11.
          d'Oeningen . . . . T. 24*d.*

No. 14006. **Sapindus falcifolius** Heer.
Sapindus longifolius Heer.
Zanthoxylon salignum Braun.

Voyez :
Heer, *Flora tert. Helv.*, T. III, p. 61, pl. CXIX,
pl. CXX, fig. 2—8, pl. CXXI, fig. 1, 2.
Heer, *Uebers.*, p. 60.
Braun ⸔ Bruckmann, *Verzeichn.*, p. 233.
d'Oeningen .... T. 24d.

„ 14007. **Id. Ib.** .... „ 24d.
„ 14008. **Id. Ib.** .... „ 24d.

RHAMNÉES.

No. 13845. **Rhamnus** *sp.* d'Oeningen.. .... T. 24d.

ZANTHOXILÉES.

No. 13853. **Zanthoxylon serratum** Heer.
Voyez :
Heer, *Flora tert. Helv.*, T. III, p. 85, pl. CXXVII,
fig. 13—20, pl. CLIV, fig. 37.
d'Oeningen .... T. 24d.

JUGLANDÉES.

No. 13856. **Juglans acuminata** Braun.
Juglans Bruckmanni Braun.
Juglans latifolia Braun.
Juglans Sieboldiana Goepp.
Juglans palida Goepp.
Juglans salicifolia Goepp.

Voyez :
Braun ⸔ *Jahrb.*, 1845, p. 170.
Braun, *Sitzenb. Verz.*, p. 86.
Goeppert, *Flor. v. Schossnitz*, p. 36, pl. XXV, fig. 2—5.
Heer, *Flora tert. Helv.*, T. III, p. 88, pl CXXVIII,
pl. CXXIX, fig. 1—9.
d'Oeningen .... T. 24d.

22*

PAPILIONACÉES.

No. 13846. **Colutea Salteri** Heer.
> Voyez :
> Heer, *Flora tert. Helv.*, T. III, p. 101, pl. CXXXII,
> fig. 47—57.
> d'Oeningen .... T. 24*d*.

No. 13858. **Robinia Regeli** Heer.
> Voyez :
> Heer, *Flora tert. Helv.*, T. III, p. 99, pl. CXXXII,
> fig. 20—26, 31—41.
> d'Oeningen .... T. 24*d*.

No. 13855. **Dalbergia bella** Heer.
> Voyez :
> Heer, *Flora tert. Helv.*, T. III, p. 104, pl. CXXXIII,
> fig. 14—19.
> d'Oeningen .... T. 24*d*.

No. 14014. **Dalbergia nostratum** Kov.
> Voyez :
> Heer, *Flora tert. Helv.*, T. III, p. 105, pl. CXXXIII,
> fig. 25—31.
> d'Oeningen .... T. 24*d*.

No. 13844. **Podogonium Knorri** Heer.
> *Gleditschia podocarpa* Braun.
> *Podocarpium Knorrii* Braun.
> *Dalbergia podocarpa* Ung.
> *Cabomba oeningensis* König.
> Voyez :
> Heer, *Flora tert. Helv.*, T. III, p. 114, 199, pl. CXXXIV,
> fig. 22—26, pl. CXXXV, pl. CXXXVI, fig. 1—9,
> pl. CLV, fig. 31.
> Braun < *Jahrb.*, 1845, p. 178.
> Braun, *Stizenb. Verz.*, p. 90.
> Unger, *Sotzka*, p. 55, pl. XL, fig. 14.
> König, *Iconogr. sect.*, pl. XV, fig. 18?.
> d'Oeningen .... T. 24*d*.

» 13851. **Id.** Ib. .... » 24*d*.
» 14015. **Id.** Ib. .... » 24*d*.
» 14016. **Id.** Ib. .... » 24*d*.

No. 13842. **Podogonium Lyellianum** Heer.
> *Caesalpinia emarginata* Braun.
> Voyez :
> Heer, *Flora tert. Helv.*, T. III, p. 117, pl. CXXXIV,
> fig. 27—29, pl. CXXXVI, fig. 22—52.
> Braun, *Stizenb. Verz.*, p. 40.
> d'Oeningen .... T. 24*d*.

» 13852. **Id.** Ib. .... » 24*d*.

CARPOLITHES.

No. 13859. **Carpolithes pruniformes** HEER.
Voyez:
HEER, *Flora tert. Helv.*, T. III, p. 139, pl. CXLI,
fig. 18—30, pl. LXVIII, fig. 5b.
d'Oeningen .... T. 24d.

No. 13850.	**Plante,** *à déterminer*, d'Oeningen .... T.		24d.
» 14019.	**Id.**	Ib.	.... » 24d.
» 14020.	**Id.**	Ib.	.... » 24d.
« 14021.	**Id.**	Ib.	.... » 24d.
» 14022.	**Id.**	Ib.	.... » 24d.
» 14023.	**Id.**	Ib.	.... » 24d.
» 14024.	**Id.**	Ib.	.... » 24d.
» 14025.	**Id.**	Ib.	.... » 24d.
» 14026.	**Id.**	Ib.	.... » 24d.
» 14027.	**Id.**	Ib.	.... » 24d.
» 14028.	**Id.**	Ib.	.... » 24d.
» 14029.	**Id.**	Ib.	.... » 24d.
» 14030.	**Id.**	Ib.	.... » 24d.
» 14031.	**Id.**	Ib.	.... » 24d.
» 14032.	**Id.**	Ib.	.... » 44d.
» 14033.	**Id.**	Ib.	.... » 24d.
» 14034.	**Id.**	Ib.	.... » 24d.

ANIMAUX.

Zoophytes ou Rayonnés.

FORAMINIFÈRES.

HÉLICOSTÈGUES.

NAUTILOIDES.

No. 14821. **Lenticulina planulata** Lamk.
>> Voyez:
>> Lamarck, *Anim. sans vert.*, T. VII, p. 619.
>> de Cuise .... T. 12*a*.

No. 14819. **Nummulites globularia** Lamk.
>> *Nummulina globularia* d'Orb.
>> Voyez:
>> Lamarck, *Anim. sans vert.*, T. VII, p. 629.
>> d'Orbigny, *Pal. franc.*, pl. CXXX.
>> du terrain tertiaire de St. Felix .... T. 12*a*.

CYCLOSTÈGUES.

No. 14822. **Orbitolites complanata** Lamk.
>> *Orbitolites plana* Brongn.
>> Voyez:
>> Lamarck, *Syst.*, p. 376.
>> Michelin, *Icon.*, p. 167, pl. XLVI, fig. 4.
>> Brongniart < Cuvier, *Oss. foss.*, T. II, part. II,
>> p. 270 .... T. 12*a*.

POLYPES.

ALCYONAIRES.

No. 14818. **Alcyonium globulosum** Defr.
>> Voyez:
>> Defrance < *Dict.*, T. 1, suppl. 109 .... T. 12*a*.

ZOANTHAIRES.

No. 14824. **Madropora Solanderi** DEFR.
Heliolithe branchu GUETT.

Voyez:

DEFRANCE < *Dict. Scienc. nat.*, T. XXVIII, p. 8.
GUETTARD, *Mémoir.*, T. III, pl. XXXI, fig. 44—47.
du terrain tertiaire d'Acy .... T. 12a.

„ 14825. **Id.** de Boucouvillers.................... „ 12a.

No. 14826. **Heliopora panicea** BLAINV.
Heliolithe irrégulière GUETT.
Astraea panilla MICHN.

Voyez:

BLAINVILLE, *Acten.*, p. 393.
GUETTARD, *Mémoir.*, T. III, p. 47, pl. V, fig. 6.
MICHELIN, *Icon.*, p. 160, pl. XLIV, fig. 11.
de Boucouvillers............................. T. 12a.

TURBINOLIDES.

No 14827. **Turbinolia elliptica** BROGN.
Cyclolites ellipticus LAMK.
Turbinolia clarus LAMK.

Voyez:

BRONGNIART < CUVIER, *Oss. foss.*, T. II, p. 269, 611,
pl. VIII, fig. 2.
GOLDFUSS, *Petref.*, p. LII, pl. XV, fig. 4.
LAMARCK, *Anim. sans vert.*, T. II, p. 232, 234.
de Chaumont................ .... T. 12a.

„ 14828. **Id.** de Briancourt........................... „ 12a.

OCULINIDES.

No. 14823. **Oculina** *sp.* (laevis? DEFR. ?) de Chaumont .... T. 12a.

ACÉPHALES.

PLEUROCONQUES.

OSTRACES.

No. 14710. **Anomia ephippium** Lin.

Voyez:

LINNÉ, *Syst.*, p. 1150.
PICTET, *Paléont.*, T. III, p. 649.
de Cuise................................... T. 12*a*.

No. 14676. **Ostrea cristata** Lamk.

Voyez:

LAMARCK, *Anim. sans vert.*, T. VI, part. I, p. 204.
PHILIPPI, *Enum. Moll. Sicil.*, T. 1, p. 88, 91; T. II,
      p. 63, 64, 269.
de Villeconque-les-monts..................... T. 12*a*.

No. 14677. **Ostrea edulina** Lamk.
      Ostrea edulis LGM.

Voyez:

LAMARCK, *Anim. sans vert.*, T. VI, part. I, p. 203, 218.
BROCCHI, *Conch. Subap.*, p. 562.
GOLDFUSS, *Petref.*, T. II, p. 18, pl. LXXVIII, fig. 4.
de Banyuls dels aspre....................... T. 12*a*.

No. 14678. **Ostrea undata** Lamk.
      Ostrea crenulata Lamk.
      Ostrea cornucopiae Brocch.

Voyez:

LAMARCK, *Anim. sans vert.*, T. VI, part. I, p. 217, 219.
LAMARCK < *Ann. du mus.*, T. VIII, p. 163.
BROCCHI, *Conch. Subap.*, p. 563.
de Montpellier............................. T. 12*a*.
  14680. **Id.** de Banyuls dels aspre................ • 12*a*.

No. 14679. **Ostrea angusta** Desh.

Voyez:

DESHAYES, *Descr. coq. foss. Paris*, T. I, p. 362,
      pl. LVIII, fig. 1—3.
de Muiramont.............................. T. 12*a*.

No. 14682. **Ostrea Marshi** Sow.
 Ostracites crista-galli Schloth.
 Ostracites aranea Schloth.
 Ostrea flabelloides v. Ziet.
 Ostrea crista-galli Defr.

Voyez:

Sowerby, *Min. Conch.*, T. I, p. 103, pl. XLVIII.
Schlotheim < *Min. Taschenb.* 1813, T. VII, p. 72, 73.
v. Zieten, *Verst. Württemb.*, p. 61, 64, pl. XLVI, fig. 1.
Defrance < *Dict. d. Scienc. nat.*, T. XXII, p. 30.
Goldfuss, *Petr. Germ.*, T. II, p. 6, pl. LXXIII, fig. 1.
Bronn, *Leth. gvogn.*, T. IV, p. 186, pl. XVIII, fig. 17.
de Banyuls dels aspre......................... T. 12a.

„ 14683. **Id.** de Perpignan .... „ 12a.

No. 14684. **Ostrea multistriata** Dysh.

Voyez :

Deshayes, *Descr. coq. foss. Paris*, T. 1, p. 198, pl. LIX, fig. 5—8.
de Boucouvillers...... .... T. 12a.

No. 14685. **Ostrea flabellula** Lamk.
 Ostrea bifrons Lamk.

Voyez :

Lamarck < *Ann. du Mus.*, T. VIII, p. 164; T. XIV, pl. XXV, fig. 3.
Deshayes, *Descr. coq. foss. Paris*, T. I, p. 366, pl. LXIII, fig. 5—7.
Goldfuss, *Petref.*, T. II, p. 14, pl. LXXVI, fig. 6.
Lamarck, *Anim. sans vert.*, T. VI, part. 1, p. 217.
de Chaumont.............................. T. 12a.

„ 14686. **Id.** de Pouchon .... „ 12a.
„ 14687. **Id.** de Montpellier .... „ 12a.

No. 14688. **Ostrea simplex** Desh.

Voyez:

Deshayes, *Descr. coq. foss. Paris*, T. I, p. 340, pl. LVII, fig. 7; pl. LIX, fig. 11; pl. LX, fig. 3, 4.
de Cnise........ ....,.... T. 12a.

No. 14681. **Ostrea** *sp.* de Cette......................... T. 12a.

No. 14694. **Plicatula spinosa** Sow.
 Placuna pectinoides Lamk.
 Plicatula pectinoides Desh.

Voyez :

Sowerby, *Min. Conch.*, T. III, p. 79, pl. CCXLV.
Lamarck, *Anim. sans vert.*, T. VI, part. 1, p. 224.
Deshayes < *Dict. class.*, T. VIII. .... T. 12a.

————

23

PECTINIDES.

No. 14089. **Pecten scabrellus** Lamk.
  Ostrea dubia Brocchi.
  Pecten dubius Brocchi.
      Voyez:

    Lamarck, *Anim. sans vert.*, T. VI, p. 183.
    Goldfuss, *Petr. Germ.*, T. II, p. 62, pl. XCV, fig. 2.
    Brocchi, *Conch. Subap.*, T. II, p. 575, pl. XVI, fig. 16.
                T. 12a.

No. 14090. **Pecten benedictus** Lamk.
      Voyez:

    Lamarck, *Anim. sans vert.*, T. VI, part. 1, p. 180.
    des Pyrénées orientales.......... .... T. 12a.

No. 14091. **Pecten arcuatus** Defr.
  Ostrea arcuata Brocchi.
      Voyez:

    Defrance < *Dict. des Scienc.*, T. XXXVIII, p. 262.
    Brocchi, *Conch. Subap.*, T. II, pl. XIV, fig. 11.
    de Banyuls dels aspre...................... T. 12a.

No. 14092. **Pecten pusio** Lamk.
  Pecten striatus Sow.
  Pecten limatus Goldf.
      Voyez:

    Lamarck, *Anim. sans vert.*, T. VI, part. I, p. 177.
    Sowerby, *Min. Conch.*, T. IV, p. 130, pl. CCCXCIV,
      fig. 2—4.
    Goldfuss, *Petref.*, T. II, p. 59, pl. XCIV, fig. 6.
    de Banyuls dels aspre. .... T. 12a.

LIMIDES.

No. 14093. **Lima spathulata** Lamk.
      Voyez:

    Lamarck < *Ann. du mus.*, T. VIII, p. 463.
    Deshayes, *Descr. coq. foss. Paris*, T. I, p. 295,
      pl. XLIII, fig. 1—3.
    Goldfuss, *Petref.*, T. II, p. 92, pl. CIV, fig. 10.
    de Chaumont................................ T. 12a.

CHAMIDES.

No. 14780. **Chama lamellosa** CHEMN.
Chama squamosa Sow.

Voyez:

CHEMNITZ, *Conch.*, T. VII, pl. LII, fig. 521.
LAMARCK < *Ann. du mus.*, T. VIII, p. 348; T. XIV, pl. XXIII, fig. 3.
DESHAYES, *Descr. coq. foss. Paris*, T. I, p. 247, pl. XXXVII, fig. 1, 2.
PICTET, *Paléont.*, T. III, p. 589, pl. LXXXI, fig. 13.
de Grignon..................................... T. 12*a*.

ARCACIDES.

No. 14705. **Nucula similis** Sow.
Nucula margaritacea LAMK.

Voyez:

SOWERBY, *Min. Conch.*, T. II, p. 207, pl. CXCII, fig. 10.
LAMARCK < *Ann. du mus.*, T. IX, p. 237, pl. XVIII, fig. 3.
DESHAYES, *Descr. coq. foss. Paris*, T. I, p. 231, pl. XXXVI, fig. 15—18.
GOLDFUSS, *Petr. Germ.*, T. II, p. 158, pl. CXXV, fig. 21.
NYST, *Coq. et pol. foss. tert. Belg.*, p. 229, pl. XVII, fig. 9.
BRONN, *Leth. geogn.*, T. VI, p. 368, pl. XXXIX, fig. 5.
de Chaumont......................... T. 12*a*.

No. 14706. **Nucula subtransversa** NYST.
Nucula ovata DESH.

Voyez:

NYST, *Coq. foss. tert. Belg.*, p. 227.
DESHAYES, *Descr. coq. foss. Paris*, T. I, p. 230, pl. XXXVI, fig. 13, 14.
de Mouchy............................. T. 12*a*.

No. 14707. **Nucula fragilis** DESH.

Voyez:

DESHAYES, *Descr. coq. foss. Paris*, T. I, p. 234, pl. XXXVI, fig. 10—12.
GOLDFUSS, *Petref.*, T. II, p. 157, pl. CXXV, fig. 16.
de Paris................................. T. 12*a*.

23*

No. 14708. **Leda pella** LIN.
> *Arca pella* BROCCHI.
> *Nucula emarginata* LAMK.
> *Leda emarginata* D'ORB.
> *Leda interrupta* D'ORB.
> *Nucula interrupta* NYST.

> Voyez:
>> BROCCHI, *Conch. Subap.*, T. II, p. 481, pl. XI, fig. 5.
>> LAMARCK, *Anim. sans vert.*, T. VI, part. 1, p. 60.
>> D'ORBIGNY, *Prodrom.*, T. III, p. 104.
>> NYST, *Coq. et pol. foss. tert. Belg.*, p. 226, pl. XVII, fig. 6.
>> BRONN, *Leth. geogn.*, T. VI, p. 373, pl. XXXIX, fig. 6.
>> HÖRNES, *Foss. Moll. tert. Wien*, T. II, p. 305, pl. XXXVIII, fig. 7.
>> de Perpignan.......................... .... T. 12a.

No. 14695. **Pectunculus pilosus** LIN.
> *Pectunculus pulvinatus* LAMK.
> *Pectunculus polydonta* BRONN.
> *Pectunculus pilosus* DESH.
> *Arca polyodonta* BRONN.
> *Arca undata* BROCCHI.
> *Pectunculus variabilis* SOW.
> *Pectunculus pilosus* var. β NYST.

> Voyez:
>> BRONN, *Ital. tert. geb.*, p. 107.
>> LAMARCK < *Ann. du mus.*, T. VI, p. 216; T. IX, pl. XVIII, fig. 4.
>> DESHAYES, *Anim. sans vert.*, T. VI, p. 488.
>> BROCCHI, *Conch. Subap.*, T. II, p. 489, 490.
>> SOWERBY, *Min. Conch.*, T. V, p. 3, pl. CCCCLXXI.
>> NYST, *Coq. et pol. foss. tert. Belg.*, p. 249, pl. XIX, fig. 6, 7, p. 250, pl. XIX, fig. 8.
>> GOLDFUSS, *Petr. Germ.*, T. II, p. 160, 161, pl. CXXVI, fig. 5, 6, 7.
>> DESHAYES, *Descr. coq. foss. Paris*, T. 1, p. 219, pl. XXXV, fig. 15—17.
>> HÖRNES, *Foss. Moll. tert. Wien*, T. II, p. 316, pl. XL, fig. 1, 2, pl. XLI, fig. 1—10.
>> de Banyuls dels aspre................. .... T. 12a.

„ 14696. **Id.** de Bordeaux.... .... „ 12a.
• 14697. **Id.** de Cuise................................... • 12a.

No. 14698. **Pectunculus insubricus** BRONN.
> *Arca insubrica* BROCCHI.
> *Pectunculus cor* LAMK.
> *Pectunculus transversus* LAMK.
> *Pectunculus violascescens* LAMK.
> *Pectunculus nummarius* LAMK.

Voyez:
BRONN, *Ital. tert. Geb.*, p. 108.
BROCCHI, *Conch. Subap.*, T. II, p. 492, pl. II, fig. 10.
LAMARCK, *Anim. sans vert.*, T. VI, part. I, p. 52, 53, 55.
GOLDFUSS, *Petr. Germ.*, T. II, p. 161, pl. CXXVI, fig. 8.
de Grignon .... T. 12a.

No. 14699. **Id.** de Bordeaux .... „ 12a.
„ 14700. **Id.** de Dax .... „ 12a.

No. 14701. **Pectunculus granulatus** LAMK.
Voyez:
GOLDFUSS, *Petref.*, T. II, p. 162, pl. CXXVI, fig. 12.
de Chaumont .... T. 12a.

No. 14771. **Arca sculptata** DESH.
Voyez:
DESHAYES, *Descr. coq. foss. Paris*, T. 1, p. 211, pl. XXXIII, fig. 12—14.
de Chaumont .... T. 12a.

No. 14772. **Arca rhombea** BRUG.
Voyez.
LAMARCK, *Anim. sans vert.*, T. VI, part. I, p. 48.
de Banyuls dels aspre .... T. 12a.

No. 14773. **Arca modioliformis** DESH.
Voyez:
DESHAYES, *Descr. coq. foss. Paris*, T. I, p. 214, pl. XXXII, fig. 5, 6.
de Cuise .... T. 12a.

No. 14774. **Arca punctifera** DESH.
Voyez:
DESHAYES, *Descr. coq. foss. Paris*, T. 1, p. 202, pl. XXXII, fig. 13, 14.
de la Chapelle .... T. 12a.

No. 14775. **Arca scapulina** LAMK.
Voyez:
LAMARCK < *Ann. du mus.*, T. VI, p. 22; T. IX, pl. XVIII, fig. 10.
DESHAYES, *Descr. coq. foss. Paris*, T. 1, p. 216, pl. XXXIII, fig. 9—11.
de Dax .... T. 12a.

No. 14776. **Arca angusta** LAMK.
Voyez:
LAMARCK < *Ann. mus.*, T. VI, p. 220; T. IX, pl. XIX, fig. 4.
DESHAYES, *Descr. coq. foss. Paris*, T. 1, p. 201, pl. XXXII, fig. 15, 16.
de Mouchy .... T. 12a.

No. 14777. **Arca obliquaria** Desh.

Voyez :

DESHAYES, *Descr. coq. foss. Paris*, T. 1, p. 215,
pl. XXXIV, fig. 18, 19.

de Caise.. T. 12*a*.

No. 14778. **Arca barbata** Brocchi.
Arca barbatula Lamk.

Voyez :

BROCCHI, *Conch. Subap.*, T. II, p. 476.
LAMARCK < *Ann. du mus.*, T. VI, p. 219; T. IX,
pl. XIX, fig. 3.
DESHAYES, *Descr. coq. foss. Paris*, T. I, p. 205,
pl. XXXII, fig. 11, 12.
GOLDFUSS, *Petr. Germ.*, T. II, p. 144, pl. CXXII, fig. 6.
NYST, *Coq. et pol. foss. tert. Belg.*, p. 259, pl. XX, fig. 4.
HÖRNES, *Foss. Moll. tert. Wien*, T. II, p. 327; pl. XLII,
fig. 6—11.
de Mouchy.. T. 12*a*.

No. 14779. **Arca diluvi** Lamk.
Arca antiquata Brocchi.

Voyez :

LAMARCK, *Anim. sans vert.*, T. VI, part. I, p. 45.
BROCCHI, *Conch. Subap.*, T. II, p. 279.
BRONN, *Ital. tert. Geb.*, p. 106.
GOLDFUSS, *Petr. Germ.*, T. II, p. 143, pl. CXXII, fig. 2.
NYST, *Coq. et pol. foss. tert. Belg.*, p. 255, pl. XX, fig. 3.
BRONN, *Leth. geogn.*, T. VI, p. 379, pl. XXIX, fig. 2.
HÖRNES, *Foss. Moll. tert. Wien*, T. II, p. 338, pl. XLIV,
fig. 3, 4. .... T. 12*a*.

ASTARTIDES.

No. 14782. **Cardita imbricata** Lamk.

Voyez :

LAMARCK < *Ann. du mus.*, T. VII, p. 56; T. IX,
pl. XXXII, fig. 1.
DESHAYES, *Descr. coq. foss. Paris*, p. 152, pl. XXIV,
fig. 4, 5.
de Grignon.. T. 12*a*.

No. 14787. **Cardita decussata** Nyst.

Voyez :

NYST, *Coq. foss. tert. Belg.*, p. 216.
LAMARCK < *Ann. du mus.*, T. VII, p. 59; T. IX,
pl. XXXII, fig. 5.
DESHAYES, *Descr. coq. foss. Paris*, T. 1, p. 159, pl. XXVI,
fig. 7, 8.
de Chaumont.. T. 12*a*.

No. 14788. **Cardita** *sp.* de Banyuls dels aspre. . . . . T. 12a.

" 14789. **Id.** Ib. . . . . ˟ 12a.

No. 14781. **Venericardia asperula** Desh.

Voyez:

DESHAYES, *Descr. coq. foss. Paris*, T. I, p. 155, pl. XXVI, fig. 3, 4.

de Cuise. . . . . , ... T. 12a.

No. 14783. **Venericardia spissa** Defr.

Voyez:

DEFRANCE < *Dict.*, T. LVII, p. 235.

de Cuise. . . . . T. 12a.

No. 14784. **Venericardia mitis** Lamk.

Voyez:

LAMARCK, *Anim. sans vert.*, T. V, p. 611.

DESHAYES, *Descr. coq. foss. Paris*, T. I, p. 155, pl. XXV, fig. 9, 10.

de Chaumont. . . . . T. 12a.

" 14785. **Id.** de Cuise. . . . . ˟ 12a.

No. 14786. **Venericardia squamosa** Lamk.

Voyez:

LAMARCK < *Ann. du mus.*, T. VII, p. 59; T. IX, pl. XXXII, fig. 4.

DESHAYES, *Descr. coq. foss. Paris*, T. I, p. 157, pl. XXVI, fig. 9—11.

de Mouchy. . . . . T. 12a.

No. 14711. **Crassatella sinuosa** Desh.

Voyez:

DESHAYES, *Descr. coq. foss. Paris*, T. I, p. 38, pl. V, fig. 8—10.

de Chaumont. . . . . T. 12a.

No. 14712. **Crassatella gibbosula** Lamk.

Voyez:

LAMARCK < *Ann. du mus.*, T. VI, p. 410.

DESHAYES, *Descr. coq. foss. Paris*, T. I, p. 37, pl. V, fig. 5—7.

de Chaumont. . . . . T. 12a.

No. 14713. **Crassatella rostrata** Desh.

Voyez:

DESHAYES, *Descr. coq. foss. Paris*, T. I, p. 35, pl. III, fig. 6—7.

de Menouville. . . . . \.. T. 12a.

No. 14714. **Crassatella tenuistria** Desh.
Voyez:
DESHAYES, *Descr. coq. foss. Paris*, T. I, p. 38, pl. V,
fig. 13, 14.
de Chaumont........................ .... T. 12a.

No. 14715. **Crassatella laevigata** Lamk.
Voyez:
LAMARCK < *Ann. du mus.*, T. VI, p. 411.
DESHAYES, *Descr. coq. foss. Paris*, T. I, p. 39, pl. V,
fig. 11, 12.
de Chaumont........................ .... T. 12a.

No. 14716. **Crassatella triangularis** Lamk.
Crassatella trigonata Lamk.
Voyez:
LAMARCK < *Ann. du mus.*, T. VI, p. 411; T. IX,
pl. XX, fig. 6.
LAMARCK, *Anim. sans vert.*, T. V, p. 485.
DESHAYES, *Descr. coq. foss. Paris*, T. I, p. 36, pl. III,
fig. 4, 5.
de Cuise .... T. 12a.
» 14717. **Id.** de Chaumont.......................... » 12a.

LUCINIDES.

No. 14729. **Lucina gigantea** Desh.
Voyez:
DESHAYES, *Descr. coq. foss. Paris*, T. I, p. 91, pl. XV,
fig. 11, 12.
des Groux................................... T. 12a.

No. 14730. **Lucina columbella** Lamk.
Voyez:
LAMARCK < *Anim sans vert.*, T. V, p. 543.
BRONN, *Leth. geogn.*, T VI, p. 388, pl. XXXVII, fig. 15.
HÖRNES, *Foss. Moll. tert. Wien*, T. II, p. 231, pl. XXXIII,
fig. 5.
de Dax........................... .... T. 12a.

No. 14731. **Lucina scopulorum** Brong.
Lucina incrassata Dub.
Voyez:
BRONGNIART, *Trapp*, p. 79.
DUBOIS DE MONTPÉREUX, *Conch. foss.*, p. 58, pl. VI,
fig. 1—3.
HÖRNES, *Foss. Moll. tert. Wien*, T. II, p. 225, pl. XXXIII,
fig. 1.
de Mérignac................................ T. 12a.

No. 14732. **Lucina mutabilis** LAMK.

Voyez:

LAMARCK, *Anim. sans vert.*, T. V, p. 540.
DESHAYES, *Descr. coq. foss. Paris*, T. 1, p. 92, pl. XIV, fig. 6, 7.
de Cuise .... T. 12*a*.

No. 14733. **Lucina bipartita** DEFR.

Voyez:

DEFRANCE < *Dict.*, T. XXVII, p. 276.
DESHAYES, *Descr. coq. foss. Paris*, T. 1, p. 98, pl. XVI, fig. 7—10.
de Perny .... T. 12*a*.

No. 14734. **Lucina concentrica** LAMK.

Voyez:

LAMARCK < *Ann. du mus.*, T. VII, p. 238; T. XII, pl. XLII, fig. 4.
DESHAYES, *Descr. coq. foss. Paris*, T. 1, p. 98, pl. XVI, fig. 11—12.
NYST, *Coq. et pol. foss. tert. Belg.*, p. 124, pl. V, fig. 10.
d'Olly .... T. 12*a*.

No. 14735. **Lucina contorta** DEFR.

Voyez:

DEFRANCE < *Dict.*, T. XXVII, p. 274.
DESHAYES, *Descr. coq. foss. Paris*, T. 1, p. 99, pl. XVI, fig. 1, 2.
de Cuise................................. T. 12*a*.

No. 14736. **Lucina sulcata** LAMK.

Voyez:

LAMARCK < *Ann. mus.*, T. VII, p. 240; T. XII, pl. XLII, fig. 9.
DESHAYES, *Descr. coq. foss. Paris*, T. I, p. 97, pl. XIV, fig. 12, 13.
de Chaumont................................. T. 12*a*.

No. 14737. **Lucina concava** DEFR.

Voyez:

DESHAYES, *Descr. coq. foss. Paris*, T. 1, p. 104, pl. XVII, fig. 8, 9.
de Cuise................................. T. 12*a*.

No. 14738. **Lucina scalaris** DEFR.

Voyez:

DESHAYES, *Descr. coq. foss. Paris*, T. 1, p. 96, pl. XV, fig. 7, 8.
de Cuise................................. T. 12*a*.

• 14739. Id. de Noailles .... T. 12*a*.

24

No. 14740. **Lucina saxorum** Lamk.
Voyez :
LAMARCK < *Ann. mus.*, T. VII, p. 238; T. XII,
pl. XLII, fig. 5.
DESHAYES, *Descr. coq. foss. Paris*, T. I, p. 100,
pl. XV, fig. 5, 6.
NYST, *Coq. foss. tert. Belg.*, p. 126.
GOLDFUSS, *Petref.*, T. II, p. 231, pl. CXLVII, fig. 4.
de Cuise..................................... T. 12*a*.
„ 14741. **Id.** de Morfontaine........................... T. 12*a*.

No. 14742. **Lucina elegans** Defr.
Voyez :
DEFRANCE < *Dict.*, T. XXVII, p. 274.
DESHAYES, *Descr. coq. foss. Paris*, T. I, p. 101,
pl. XIV, fig. 10, 11........... T. 12*a*.

No. 14743. **Lucina squamula** Desh.
Voyez :
DESHAYES, *Descr. coq. foss. Paris*, T. I, p. 105,
pl. XVII, fig. 17, 18.
de Cuise............................ ..... T. 12*a*.

No. 14744. **Lucina renulata** Lamk.
Voyez :
LAMARCK < *Ann. mus.*, T. VII, p. 239; T. XII,
p. 42, fig. 7.
DESHAYES, *Descr. coq. foss. Paris*, T. I, p. 93, pl. XV,
fig. 3, 4.
de Pouchon............................... T. 12*a*.
„ 14745. **Id.** de Cuise............................... „ 12*a*.
No. 14746. **Lucina** *sp.* de Cuise........................ T. 12*a*.

CARDIDES.

No. 14747. **Cardium ciliare** Lamk.
Voyez :
LAMARCK, *Anim. sans vert.*, T. VI, part. I, p. 6.
de Montpellier............................. T. 12*a*.

No. 14748. **Cardium porulosum** Lamk.
Voyez :
LAMARCK < *Ann. du mus.*, T. VI, p. 344; T. IX, pl. XIX,
fig. 9.
SOWERBY, *Min. Conch.*, T. IV, p. 64, pl. CCCXLVI, fig. 2.
DESHAYES, *Descr. coq. foss. Paris*, T. I, p. 169, pl. XXX,
fig. 1—4.

NYST, *Coq. et pol. foss. tert. Belg.*, p. 188, pl. XIV,
    fig. 4.
PICTET, *Paléont.*, T. III, p. 475, pl. LXXVII, fig. 4.
BRONN, *Leth. geogn.*, T. VI, p. 385, pl. XXXVIII, fig. 8.
de Cuise.................................... T. 12*a.*

No. 14749. **Id.** de Chaumont........................... " 12*a.*

No. 14750. **Cardium burdigalinum** LAMK.
    Cardium ringens CHEMN.
    Cardium indicum LAMK.
            Voyez:
    LAMARCK, *Anim. sans vert.*, T. VI, part. II, p. 18.
    BASTEROT, *Bord.*, p. LXXXII, pl. VI, fig. 12.
    CHEMNITZ, *Conch.*, T. VI, pl. XVI, fig. 170.
    de Dax................................... T. 12*a.*

No. 14751. **Cardium obliquum** LAMK.
            Voyez:
    LAMARCK < *Ann. mus.*, T. VI; T. IX, pl. XIX, fig. 1.
    DESHAYES, *Descr. coq. foss. Paris*, T. 1, p. 171, pl. XXX,
        fig. 7, 8, 11, 12.
    de St. Sulpice.............................. T. 12*a.*

No. 14752. **Cardium semistriatum** DESH.
           Voyez:
    DESHAYES, *Descr. coq. foss. Paris*, T. 1, p. 174, pl. XXIX,
        fig. 9, 10.
    d'Acy............................ .... T. 12*a.*

No. 14753. **Cardium verrucosum** DESH.
    Cardium aspernlum BRONGN.
           Voyez:
    DESHAYES, *Descr. coq. foss. Paris*, T. 1, p. 178, pl. XXIX,
        fig. 7, 8.
    BRONGNIART, *Trapp.*, p. 79, pl. V, fig. 13.
    de Parny.................................... T. 12*a.*

No. 14754. **Cardium semigranulatum** Sow.
    Cardium semigranosum DESH.
           Voyez:
    SOWERBY, *Min. Conch.*, T. II, p. 99, pl. CXLIV.
    NYST, *Coq. et pol. foss. tert. Belg.*, p. 189.
    DESHAYES, *Descr. coq. foss. Paris*, T. I, p. 174,
        pl. XXVIII, fig. 6, 7.
    de Cuise................................... T. 12*a.*

No. 14755. **Cardium granulosum** LAMK.
           Voyez:
    LAMARCK < *Ann. mus.*, T. IX, pl. XIX, fig. 8.
    DESHAYES, *Descr. coq. foss. Paris*, T. I, p. 171, pl. XXX,
        fig. 5, 6, 9, 10.
    de la Chapelle.............................. T. 12*a.*

24*

No. 14756. **Cardium echinatum** Lamk.
> Voyez :
> Lamarck, *Anim. sans vert.*, T. VI, part. 1, p. 7, 17.
> de Cuise.................................... T. 12*a*.

» 14757. **Id.** de Paris................. .... T. 12*a*.

CYCLACIDES.

No. 14718. **Cyrena semistriata** Desh.
> *Cyrena cuneïformis* Goldf.
> *Cyrena subarata* Bronn.
> *Cyrena Brongniarti* Bast.
> *Mactra syrena* Brongn.
> *Cyrena Sowerbyi* Bast.
> Voyez :
> Bronn, *Leth. geogn.*, T. VI, p. 400, pl. XXXVIII, fig. 2.
> Basterot, *Bordeaux*, p. 84, pl. VI, fig. 6.
> Brongniart, *Terr. calc. trapp.*, p. 81, pl. V, fig. 10.
> Nyst, *Coq. et pol. foss. tert. Belg.*, p. 148, pl. VII, fig. 3, 4.
> de Bretigny.................................. T. 12*a*.

No. 14719. **Cyrena crassa** Desh.
> Voyez :
> Deshayes, *Descr. coq. foss. Paris*, T. I, p. 119, pl. XVIII, fig. 14, 15.
> de Boucouvillers............................. T. 12*a*.

No. 14720. **Cyrena deperdita** Desh.
> Voyez :
> Deshayes, *Descr. coq. foss. Paris*, T. I, p. 118, pl. XIX, fig. 14, 15........ .... T. 12*a*.

CYTHÉRIDES.

No. 14758. **Cytherea erycina** Lamk.
> *Cytherea erycinoides* Lamk.
> *Venus erycinoides* Desh.
> Voyez :
> Lamarck, *Anim. sans vert.*, T. V, p. 564, 581.
> Deshayes, *Descr. coq. foss. Paris*, T. I, pl. XIX, fig. 6, 7.
> Pictet, *Paléont.*, T. III, p. 450, pl. LXXVI, fig. 5.
> Hörnes, *Foss. Moll. tert. Wien*, T. II, p. 154, pl. XIX, fig. 1, 2.
> de Saucats................................... T. 12*a*.

No. 14759. **Cytherea obliqua** Desh.

Voyez:

Deshayes, *Descr. coq. foss. Paris*, T. I, p. 136, pl. XXI, fig. 7, 8.

de Cuise................................... T. 12a.

No. 14760. **Cytherea laevigata** Lamk.

Voyez:

Lamarck < *Ann. mus.*, T. VIII, p. 134; T. XII, pl. XL, fig. 5.
Deshayes, *Descr. coq. foss. Paris*, T. I, p. 128, pl. XX, fig. 12, 13.

de Chaumont............................. T. 12a.

No. 14761. **Cytherea chione** Lamk.

Venus chione Brocchi.

Voyez:

Lamarck, *Anim. sans vert.*, T. V, p. 566.
Brocchi, *Subap.*, T. 11, p. 547.

de Banyuls dels aspre..................... T. 12a.

No. 14762. **Cytherea nitidula** Lamk.

Venus nitidula Desh.

Voyez:

Lamarck < *Ann. mus.*, T. VII, p. 133; T. XII, pl. XL, fig. 1, 2.
Deshayes, *Descr. coq. foss. Paris*, T. I, p. 134, pl. XXI, fig. 3—6.
Goldfuss, *Petref.*, T. II, p. 239, pl. CXLIX, fig. 11c.

de Chaumont................................ T. 12a.

No. 14763. **Cytherea multisulcata** Desh.

Voyez:

Deshayes, *Descr. coq. foss. Paris*, T. I, p. 133, pl. XXI, fig. 14, 15.

de Chaumont............................. T. 12a.

No. 14764. **Cytherea rustica** Desh.

Voyez:

Deshayes, *Descr. coq. foss. Paris*, T. I, p. 130, pl. XXIII, fig. 10, 11.

de Boucouvillers.......................... T. 12a.

No. 14765. **Cytherea suberycinoïdes** Desh.

Voyez:

Deshayes, *Descr. coq. foss. Paris*, T. I, p. 129, pl. XXII, fig. 8, 9.
Goldfuss, *Petref.*, T. II, p. 240, pl. CXLIX, fig. 15, 16.

de Cuise.................................... T. 12a.

No. 14766.　**Cytherea tellinaria** Lamk.

Voyez:

LAMARCK < *Ann. mus.*, T. VII, p. 135; T. XII, pl. XL, fig. 4.

DESHAYES, *Descr. coq. foss. Paris*, T. I, p. 130, pl. XXII, fig. 4, 5.

de Mérignac..................................... T. 12*a*.

No. 14767.　**Cytherea cuneata** Desh.

Voyez:

DESHAYES, *Descr. coq. foss. Paris*, T. I, p. 181, pl. XXII, fig. 6, 7.

GOLDFUSS, *Petref.*, T. II, p. 240, pl. CXLIX, fig. 14.

de Cuise.................................... T. 12*a*.

No. 14768.　**Cytherea deltoidea** Lamk.

Voyez:

LAMARCK < *Ann. mus.*, T. VII, p. 135.

DESHAYES, *Descr. coq. foss. Paris*, T. I, p. 131, pl. XX, fig. 6, 7; pl. XXII, fig. 12, 13.

de la Chapelle............................. T. 12*a*.

No. 14769.　**Cytherea elegans** Lamk.

Venus elegans Sow.

Voyez:

LAMARCK < *Ann. mus.*, T. VII; p. 134; T. XII, pl. XL, fig. 8.

DESHAYES, *Descr. coq. foss. Paris*, T. I, p. 132, pl. XX, fig. 8, 9.

SOWERBY, *Min Conch.*, T. V, p. 26, pl. CCCCXXII, fig. 3.

de la Chapelle............................ T. 12*a*.

No. 14770.　**Cytherea striatula** Desh.

Voyez:

DESHAYES, *Descr. coq. foss. Paris*, T. I, p. 129, pl. XX, fig. 10, 11.

de Boucouvillers......................... T. 12*a*.

No. 14790.　**Venus gallina** Bronn.

Venus senilis Brocchi.

Venus cassinoides Lamk.

Astarte senilis Jonk.

Voyez:

BRONN, *Leth. geogn.*, T. VI, p. 406, pl. XXXVIII, fig. 6.

BROCCHI, *Conch. Subap.*, T. II, p. 539, pl. XIII, fig. 13.

LAMARCK, *Anim. sans vert.*, T. V, p. 607.

DE LA JONKAIRE < *Mém. Soc. d'hist. nat. Paris*, T. 1, p. 130.

de Banyuls dels aspre....................... T. 12*a*.

No. 14791. **Venus texta** Lamk.

Voyez :

LAMARCK < *Ann. mus.*, T. VII, p. 130; T. XII, pl. XL, fig. 7.

DESHAYES, *Descr. coq. foss. Paris*, T. I, p. 144, pl. XXII, fig. 16, 18.

de Mouchy.................................... T. 12*a*.

No. 14792. **Venus scobinellata** Lamk.

Voyez :

LAMARCK < *Ann. mus.*, T. VII, p. 130; T. IX, pl. XXXII, fig. 8.

DESHAYES, *Descr. coq. foss. Paris*, T. I, p. 145, pl. XXII, fig. 19—21.

de Perny.......................... T. 12*a*.

No. 14793. **Venus solida** Desh.

Voyez :

DESHAYES, *Descr. coq. foss. Paris*, T. I, p. 144, pl. XXV, fig. 3, 4.

d'Aumont...... .... T. 12*a*.

TELLINIDES.

No. 14709. **Donax Basterottina** Desh.

Voyez :

DESHAYES, *Descr. coq. foss. Paris*, T. I, p. 110, pl. XVII, fig. 21, 22...................... T. 12*a*.

CORBULIDES.

No. 14722. **Corbula striata** Lamk.

Voyez :

LAMARCK < *Ann. mus.*, T. VIII, p. 467.

DESHAYES, *Descr. coq. foss. Paris*, T. I, p. 53, pl. VIII, fig. 1—3; pl. IX, fig. 1—5.

de Cuise.................................... T. 12*a*.

» 14723. **Id.** d'Acy . ... » 12*a*.

No 14724. **Corbula gallica** Lamk.

Corbula costulata Lamk.

Voyez :

LAMARCK, *Anim. sans vert.*, T. V, p. 497.

DESHAYES, *Descr. coq. foss. Paris*, T. I, p. 49, pl. VII, fig. 1—3.

de Perny.................................... T. 12*a*.

» 14725. **Id.** de Cuise................................ » 12*a*.

No. 14726. **Corbula complanata** Sow.
Corbulomya complanata Nyst.

Voyez:

SOWERBY, *Min. Conch.*, T. IV, p. 86, pl. CCCLXII, fig. 7, 8.
DESHAYES, *Descr. coq. foss. Paris*, T. I, p. 50, pl. VII, fig. 8, 9.
NYST, *Coq. et pol. foss. tert. Belg.*, p. 59.
d'Acy............... .... T. 12a.

No. 14727. **Corbula revoluta** Brocchi.
Tellina revoluta Brocchi.

Voyez:

BROCCHI, *Subap.*, T. II, p. 516, pl. XII, fig. 6.
de Montpellier.............................. T. 12a.

No. 14728. **Corbula minuta** Desh.

Voyez:

DESHAYES, *Descr. coq. foss. Paris*, T. I, p. 55, pl. VIII, - fig. 31—35.
de Banyuls dels aspre.............. .... T. 12a.

No. 14721. **Corbula** *sp.* (Pectunculus?) d'Olly.......... T. 12a.

MACTRIDES.

No. 14702. **Mactra semisulcata** Lamk.
Mactra deltoides Lamk.

Voyez:

LAMARCK, *Anim. sans vert.*, T. V, p. 479.
LAMARCK < *Ann. mus.*, T. VI, p. 412; T. IX, pl. XX, fig. 3.

DESHAYES, *Descr. coq. foss. Paris*, T. I, p. 31, pl. IV, fig. 7—10.
de Perny....·.............. .... T. 12a.
" 14703. **Id.** de Cuise................................ " 12a.
" 14704. **Id.** de Chaumont... .... " 12a.

SOLÉNIDES.

No. 14794. **Solen vagina** Lamk.
    Solen vaginoides Desh.
    Solen vaginalis Desh.
               Voyez :
      Lamarck < *Ann. mus.*, T. VII, p. 427; T. XII,
            pl. XLIII, fig. 3.
      Deshayes, *Descr. coq. foss. Paris*, T. I, p. 25, pl. II,
            fig. 20, 21.
      Deshayes, *Conch.*, T. I, p. 108, pl. VI, fig. 7.
      Nyst, *Belg.*, p. 44.
    de Cuise............................ T. 12*a*.

PHOLADIDES.

No. 14795. **Pholas** *sp.* de Cuise...................... T. 12*a*.

No. 14198. **Mollusque,** *à déterminer*.................. T. 14*d*.
  • 14199. **Id.**   Ib.   .... • 14*d*.
  „ 14068. **Id.**   Ib.   **(Unio** *sp.?*) d'Oeningen.. .... • 23*e*.
  • 14064. **Id.**   Ib.   Ib.   ..... • 23*e*.
  „ 14065. **Id.**   Ib.   Ib.   ..... • 23*e*.
  • 14066. **Id.**   Ib.   Ib.   ..... „ 23*e*.
  „ 14067. **Id.**   Ib.   Ib.   .... • 23*e*.
  • 14068. **Id.**   Ib.   Ib.   .... „ 23*e*.
  • 14069. **Id.**   Ib.   Ib.   ...... „ 23*e*.
  • 14070. **Id.**   Ib.   Ib.   .... • 23*e*.
  • 14071. **Id.**   Ib.   Ib.   ...... • 23*e*.
  „ 14072. **Id.**   Ib.   Ib.   .... • 23*e*.
  • 14073. **Id.**   Ib.   Ib.   .... • 23*e*.
  ▾ 14074. **Id.**   Ib.   Ib.   .... • 23*e*.

GASTÉROPODES.

TECTIBRANCHES.

BULLÉENS.

No. 14596. **Bulla lignaria** Desh.
            Voyez :
    Deshayes, *Descr. coq. foss. Paris*, T. I, p. 44, pl. V,
        fig. 4 – 6.
    de Cuise........................... T. 12*a*.

No. 14606. **Bulla cylindroides** Desh.
Voyez:
Deshayes, *Descr. coq. foss. Paris*, T. II, p. 40, pl. V, fig. 22—24.
de Chaumont.................................... T. 12a.

DENTALIDES.

No. 14802. **Dentalium elephantinum** Lin.
Voyez:
Brocchi, *Conch. Subap.*, T. II, p. 260.
de Banyuls dels aspre........................ T. 12a.

No. 14803. **Dentalium grande** Desh.
Voyez:
Deshayes < *Mém. nat. Par.*, T. II, p. 365, pl. XVII, fig. 1—3.
d'Acy.................................... T. 12a.

No. 14804. **Dentalium pseudoentalis** Lamk.
Voyez:
Lamarck, *Anim. sans vert.*, T. V, p. 345.
Deshayes < *Mém. nat. Par.*, T. II, p. 358, pl. XVII, fig. 21.
de Bermy.................................... T. 12a.

No. 14805. **Dentalium entalis** Lamk.
Voyez:
Lamarck, *Anim. sans vert.*, T. V, p. 395.
Deshayes < *Mém. nat. Par.*, T. II, p. 359, pl. XV, fig. 7; pl. XVI, fig. 2.
de Cuise.................................... T. 12a.
» 14806. **Id.** de Banyuls dels aspre... .... » 12a.

No. 14807. **Dentalium incurvum** Renier.
Dentalium incrassatum Sow.
Dentalium coarctatum Brocchi.
Voyez:
Hörnes, *Foss. Moll. tert. Wien*, T. I, p. 659, pl. L, fig. 39.
Sowerby, *Min. Conch.*, T. I, p. 180, pl. LXXIX, fig. 3, 4.
Brocchi, *Conch. Subap.*, T. II, p. 264, 628, pl. I, fig. 6.
de Bermy.................................... T. 12a.

No. 14808. **Dentalium** *sp.* de Chaumont..... .... T. 12a.

PECTINIBRANCHES.

CRÉPIDULIDES.

No. 14813. **Calyptraea sinensis** Desh.
Infundibulum chinense Lin.
Calyptraea muricata Brocch.
Calyptraea vulgaris Bronn.
Infundibulum rectum Sow.
Calyptraea squammulata Nyst.
Calyptraea laevigata Desh.

Voyez :

Deshayes < *Ann. Scienc. nat.*, T. III, p. 335, pl. XVII, fig. 1, 2.
Deshayes, *Descr. coq. foss. Paris*, T. II, p. 31, pl. IV, fig. 8—10.
Bronn, *Leth. geogn.*, T. VI, p. 442, pl. XL, fig. 11.
Brocchi, *Conch. Subap.*, T. II, p. 254, pl. I, fig. 2.
Sowerby, *Min. Conch.*, T. I, p. 210, pl. XCVII, fig. 3.
Nyst, *Coq. et pol. foss. Belg.*, p. 363, pl. XXXV, fig. 13, 14.
Pictet, *Paléont.*, T. III, p. 278, pl. LXVIII, fig. 10.
Hörnes, *Foss. Moll. tert. Wien*, T. I, p. 632, pl. LIX, fig. 17, 18.
de Chaumont............................... T. 12a.

No. 14814. **Infundibulum apertum** Bronn.
Infundibulum tuberculatum Sow.
Infundibulum spinulosum Sow.
Infundibulum echinulatum Sow.
Calyptraea trochiformis Lamk.

Voyez :

Bronn, *Leth. geogn.*, T. VI, p. 441, pl. XL, fig. 10.
Sowerby, *Min. Conch.*, T. I, p. 221, 222, pl. XCVII, fig. 2—7.
Lamarck < *Ann. du mus.*, T. I, p. 385; T. VII, pl. XV, fig. 8.
Deshayes, *Descr. coq. foss. Paris*, T. II, p. 30, pl. IV, fig. 1—3.
Pictet, *Paléont.*, T. III, p. 227, pl. LXVIII, fig. 8.
de Cuise........... .... T. 12a.

No. 14800. **Pileopsis dilatata** Lamk.
Patella dilatata Lamk.
Hipponyx dilatata Defr.

25*

Voyez:
LAMARCK, *Anim. sans vert.*, T. VI, part. II, p. 20.
DESHAYES, *Descr. coq. foss. Paris*, T. II, p. 24, pl. II,
  fig. 19—21.
LAMARCK < *Ann. mus.*, T. I, p. 311; T. IV, pl. XIII,
  fig. 2, 3.
DEFRANCE < *Journ. Phys.*, T. LXXXVIII, p. 218, fig. 3.
d'Acy... T. 12a.

No. 14810. **Pileopsis spirirostris** LAMK.
  Patella spirirostris LAMK.
    Voyez:
  LAMARCK, *Anim. sans vert.*, T. VI, part. II, p. 19.
  DESHAYES, *Descr. coq. foss. Paris*, T. II, p. 26, pl. III,
    fig. 13, 15.
  LAMARCK < *Ann. mus.*, T. I, p. 311.
  de Mouchy .... T. 12a.

No. 14811. **Pileopsis retortella** LAMK.
  Patella retortella LAMK.
  Hipponyx retortella DESH.
    Voyez:
  LAMARCK, *Anim. sans vert.*, T. VI, part. II, p. 19.
  DESHAYES, *Descr. coq. foss. Paris*, T. II, p. 25, pl. II,
    fig. 17, 18.
  LAMARCK < *Ann. mus.*, T. I, p. 311.
  de Bermy .... T. 12a.

No. 14812. **Capulus cornucopiae** BRONN.
  Patella cornucopiae LAMK.
  Hipponyx cornucopiae BRONN.
  Pileopsis cornucopiae LAMK.
    Voyez:
  BRONN, *Leth. geogn.*, T. VI, p. 447, pl. XL, fig. 12.
  LAMARCK < *Ann. du mus.*, T. I, p. 311; T. VI,
    pl. XL, fig. 12.
  DESHAYES, *Descr. coq. foss. Paris*, T. II, p. 23, pl. II,
    fig. 13—16.
  PICTET, *Paléont.*, T. III, p. 273, pl. LXVII, fig. 13—16.
  de Grignon .... T. 12a.

VERMÉTIDES.

No. 14796. **Vermetus gigas** BIVONA.
    Voyez:
  PHILIPPI, *Sicil.*, T. I, p. 170, 172, pl. IX, fig. 18.
  de Castell'arquato .... T. 12a.

BUCCINIDES.

No. 14461. Cerithium tuberculosum Lamk.
Cerithium petricolum Lamk.
Voyez:
Lamarck < *Ann. du mus.*, T. III, p. 348, 351.
Deshayes, *Descr. coq. foss. Paris*, T. II, p. 307,
pl. XLVIII, fig. 3—5. .... T. 12*a*.

No. 14462. Cerithium angulosum Lamk.
Voyez:
Lamarck < *Ann. mus.*, T. III, p. 273.
Deshayes, *Descr. coq. foss. Paris*, T. II, p. 418,
pl. XLV, fig. 5; pl. XLVIII, fig. 6, 8;
pl. XLIX, fig. 6—9.
de Mouy.................................... T. 12*a*.

No. 14463. Cerithium vulgatum Brug.
Voyez:
Lamarck, *Anim. sans vert.*, T. VIII, p. 68.
de Banyuls dels aspre........................ T. 12*a*.

No. 14464. Cerithium detritum Desh.
Voyez:
Deshayes, *Descr. coq. foss. Paris*, T. II, p. 381,
pl. XLIII, fig. 5—8.
de Cuise.................................... T. 12*a*.

No. 14465. Cerithium turbinatum Desh.
Voyez:
Deshayes, *Descr. coq. foss. Paris*, T. II, p. 405, pl. LX,
fig. 12, 13.
de Boleure .... T. 12*a*.

No. 14466. Cerithium contiguum Desh.
Voyez:
Deshayes, *Descr. coq. foss. Paris*, T. II, p. 304,
pl. XLVII, fig. 3—6............ T. 12*a*.

No. 14467. Cerithium Basteroti Desh.
Voyez:
Deshayes < *Mor.*, p. 181, pl. XXIV, fig. 25, 26.
de Montpellier....... .... T. 12*a*.

No. 14468. Cerithium sulcatum Lamk,
Voyez:
Serres, *Tert.*, p. 109.
de Montpellier....................... .... T. 12*a*.

No. 14469. Cerithium papaveraceum Bast.
Voyez:
BASTEROT, *Bordeaux*, p. 56.
BRONN, *Leth. geogn.*, T. VI, p. 506.
HÖRNES, *Foss. Moll. tert. Wien*, T. I, p. 403, pl. XLII,
        fig. 8.
de Montpellier.............................. T. 12a.

No. 14470. Cerithium nudum Lamk.
Voyez:
LAMARCK < *Ann. mus.*, T. III, p. 440.
DESHAYES, *Descr. coq. foss. Paris*, T. II, p. 382,
        pl. XLVIII, fig. 17—20.
de Grignon................................ T. 12a.

No. 14471. Cerithium plicatum Lamk.
Voyez:
LAMARCK < *Ann. du mus.*, T. III, p. 345.
DESHAYES, *Descr. coq. foss. Paris*, T. II, p. 389, pl. LV,
        fig. 5—9.
BRONN, *Leth. geogn.*, T. VI, p. 508, pl. XLI, fig. 5.
HÖRNES, *Foss. Moll. tert. Wien*, T. I, p. 400, pl. XLII,
        fig. 6.
de Bordeaux.............................. T. 12a.
» 14472. Id. de Cuise............................. » 12a.
» 14473. Id. de Montpellier... .... - 12a.

No. 14474. Cerithium Bouéi Desh.
Voyez:
DESHAYES, *Descr. coq. foss. Paris*, T. II, p. 349,
        pl. LII, fig. 9—11.
de Vertiguy................................ T. 12a.

No. 14475. Cerithium gradatum Desh.
Voyez:
DESHAYES, *Descr. coq. foss. Paris*, T. II, p. 380,
        pl. XLIII, fig. 9—10.
de Cuise................................... T. 12a.

No. 14476. Cerithium Prevosti Desh.
Voyez:
DESHAYES, *Descr. coq. foss. Paris*, T. II, p. 348,
        pl. XLVI, fig. 16, 17, 20—22... T. 12a.
» 14477. Id. de Mouy............................. » 12a.

No. 14478. Cerithium lineolatum Desh.
Voyez:
DESHAYES, *Descr. coq. foss. Paris*, T. II, p. 842,
        pl. LII, fig. 4, 5.
de Chaumont.............................. T. 12a.

No. 14479. **Cerithium biseriale** DESH.
Voyez:
DESHAYES, *Descr. coq. foss. Paris*, T. II, p. 351,
pl. LII, fig. 6, 7; pl. LIII, fig. 19, 20.
de Cuise.................................. T. 12*a*.

No. 14480. **Cerithium bicarinatum** LAMK.
Voyez:
LAMARCK < *Ann. mus.*, T. III, p. 348.
DESHAYES, *Descr. coq. foss. Paris*, T. II, p. 356,
pl. LIII, fig. 8, 14, 15. .... T. 12*a*.

No. 14481. **Cerithium involutum** LAMK.
Cerithium convolutum DESH.
Potamides margaritaceus SOW.
Cerithium Cordieri NYST.
Cerithium labyrinthium NYST.
Voyez:
LAMARCK < *Ann. mus.*, T. III, p. 348.
DESHAYES, *Descr. coq. foss. Paris*, T. II, p. 328,
pl. XLI, fig. 10, 13, 23.
SOWERBY, *Min. Conch.*, T. IV, p. 51, pl. CCCXXXIX,
fig. 4.
NYST, *Limb.*, p. 29, 30, pl. 1, fig. 76.
de Cuise................................. ... T. 12*a*.

No. 14482. **Cerithium crenatulatum** DESH.
Voyez:
DESHAYES, *Descr. coq. foss. Paris*, T. II, p. 317, pl. XLI,
fig. 5, 6, 19.
de Vertigny................................. T. 12*a*.

No. 14483. **Cerithium conoideum** LAMK.
Voyez:
LAMARCK < *Ann. mus.*, T. III, p. 439.
DESHAYES, *Descr. coq. foss. Paris*, T. II, p. 333,
pl. XLV, fig. 14, 15.
de St. Sulpice............................. T. 12*a*.

No. 14484. **Cerithium stephanophorum** DESH.
Voyez:
DESHAYES, *Descr. coq. foss. Paris*, T. II, p. 352,
pl. LIII, fig. 1, 2, 7.
de Cuise................................. T. 12*a*.

No. 14485. **Cerithium scalaroides** DESH.
Voyez:
DESHAYES, *Descr. coq. foss. Paris*, T. II, p. 411,
pl. LIX, fig. 24—26.
de Boucouvillers .... T. 12*a*.

No. 14486. **Cerithium imperfectum** Desh.
> Voyez:
> Deshayes, *Descr. coq. foss. Paris*, T. II, p. 305,
> pl. LVII, fig. 1—4.
> de Mouchy... .... T. 12a.

No. 14487. **Cerithium thiarella** Desh.
> Voyez:
> Deshayes, *Descr. coq. foss. Paris*, T. II, p. 314,
> pl. XLIV, fig. 14—16.
> de Grignon............................... T. 12a.

No. 14488. **Cerithium Roissyi** Desh.
> Voyez:
> Deshayes, *Descr. coq. foss. Paris*, T. II, p. 322, pl. L,
> fig. 13—20.
> de Morfontaine .... T. 12a.

No. 14489. **Cerithium resectum** Desh.
> Voyez:
> Deshayes, *Descr. coq. foss. Paris*, T. II, p. 428,
> pl. LXI, fig. 23, 24.
> de Cuise................................. T. 12a.

No. 14490. **Cerithium calcaratum** Brongn.
> Voyez:
> Brongniart, *Trapp.*, p. 69, pl. III, fig. 15.
> de Grignon .... T. 12a.

No. 14491. **Cerithium coronatum** Desh.
> Voyez:
> Deshayes, *Descr. coq. foss. Paris*, T. II, p. 350, pl. LII,
> fig. 12, 13.
> de Boucouvillers............................ T. 12a.

No. 14492. **Cerithium pyramidatum** Desh.
> Voyez:
> Deshayes, *Descr. coq. foss. Paris*, T. II, p. 368,
> pl. LVII, fig. 7.
> de Cuise................................. T. 12a.

No. 14493. **Cerithium muricoïdes** Lamk.
> *Cerithium purpura* Lamk.
> Voyez:
> Lamarck < *Ann. mus.*, T. III, p. 349.
> Deshayes, *Descr. coq. foss. Paris*, T. II, p. 426,
> pl. LXI, fig. 13—16.
> de Mouchy.......... .... T. 12a.

No. 14494. **Cerithium breviculum** Desh.
> Voyez:
> Deshayes, *Descr. coq. foss. Paris*, T. II, p. 425,
> pl. LXI, fig. 9.—12.
> de Cuise................................. T. 12a.

No. 14495. **Cerithium Blainvillei** Desh.

Voyez:

Deshayes, *Descr. coq. foss. Paris*, T. II, p. 320, pl. L,
fig. 10, 11.
de Senlis .... T. 12*a*.

No. 14496. **Cerithium crispum** Defr.
Cerithium turritellatum Lamk.
Cerithium tristriatum Lamk.

Voyez:

Deshayes, *Descr. coq. foss. Paris*, T. II, p. 406,
pl. LIX, fig. 21 - 23.
Lamarck < *Ann. mus.*, T. II, p. 347.
Lamarck, *Anim. sans vert.*, T. VII, p. 82.
de Boucouvillers .... T. 12*a*.

No. 14497. **Cerithium semigranosum** Lamk.

Voyez:

Lamarck, *Anim. sans vert.*, T. VII, p. 72.
Lamarck < *Encycl.*, T. CDXLIII, fig. 1.
de Mouchy.............................. T. 12*a*.

No. 14498. **Cerithium unisulcatum** Lamk.

Voyez:

Lamarck < *Ann. mus.*, T. III, p. 440.
Deshayes, *Descr. coq. foss. Paris*, T. II, p. 384, pl. LVII,
fig. 14—16. .... T. 12*a*.

No. 14499. **Cerithium inconstans** Bast.

Voyez:

Basterot, *Bord.*, p. LV, pl. III, fig. 19.
de Montpellier .... T. 12*a*.
" 14500. **Id.** de Bordeaux............................ " 12*a*.
" 14501. **Id.**   Id.   .... " 12*a*.

No. 14516. **Terebra plicatula** Lamk.
Terebra cinerea Bast.

Voyez:

Lamarck < *Ann. du mus.*, T. II, p. 166; T. IV,
pl. XLIV, fig. 13.
Basterot, *Bordeaux*, p. 52, pl. III, fig. 14.
Hörnes, *Foss. Moll. tert. Wien*, T. I, p. 129, pl. XI,
fig. 25.
de Bordeaux .... T. 12*a*.
" 14517. **Id.** Ib. .... " 12*a*.
" 14518. **Id.**   .... " 12*a*.

No. 14614. **Buccinum mutabile** Brocchi.
Buccinum Dujardini Desh.

Voyez:

Brocchi, *Conch. Subap.*, T. II, p. 341, pl. IV, fig. 18.
Deshayes < Lamarck, *Anim. sans vert.*, T. X, p. 211.
Bronn, *Leth. geogn.*, T. VI, p. 555, pl. XLI, fig. 33.
Hörnes, *Foss. Moll. tert. Wien*, T. I, p. 154, pl. XIII, fig. 1—4.
de Banyuls dels aspre...................... .... T. 12*a*.

No. 14615. **Buccinum clathratum** Lin.

Voyez:

Brocchi, *Conch. Subap.*, T. II, p. 338.
Bronn, *Leth. geogn.*, T. VI, p. 562, pl. XLI, fig. 32.
de Banyuls dels aspre .... T. 12*a*.

No. 14616. **Buccinum baccatum** Bast.
Buccinum duplicatum Sow.

Voyez:

Basterot, *Bordeaux*, p. 47, pl. II, fig. 16.
Sowerby < *Geol. Trans.*, T. III, p. 412, pl. XXXIX, fig. 14.
Bronn, *Leth. geogn.*, T. VI, p. 552, pl. XLII, fig. 39.
Hörnes, *Foss. Moll. tert. Wien*, T. I, p. 156, pl. XIII, fig. 5.
de Banyuls dels aspre.................. .... T. 12*a*.
„ 14617. **Id.** de Cabanes près Dax.. .... - 12*a*.

No. 14618. **Buccinum prismaticum** Brocchi.

Voyez:

Brocchi, *Conch. Subap.*, T. II, p. 337, pl. V, fig. 7.
Hörnes, *Foss. Moll. tert. Wien*, T. I, p. 146, pl. XII, fig. 13, 14.
de Banyuls dels aspre........................ T. 12*a*.

No. 14619. **Buccinum veneris** Fauj.

Voyez:

Faujas St. Fond < *Mém. mus.*, T. III, p. 197, pl. X, fig. 3.
Basterot, *Bord.*, p. 47, pl. II, fig. 15.
de Bordeaux ... . T. 12*a*.

No. 14620. **Buccinum stromboïdes** Lamk.

Voyez:

Deshayes, *Descr. coq. foss. Paris*, T. II, p. 647, pl. LXXXVI, fig. 8—10.
Bronn, *Leth. geogn.*, T. VI, p. 551, pl. XLI, fig. 31.
Pictet, *Paléont.*, T. III, p. 255, pl. LXVI, fig. 30.
de Grignon................................ T. 12*a*.

No. 14621. **Buccinum costulatum** Brocchi.
Voyez:
Brocchi, *Conch. Subap.*, T. II, p. 343, pl. V, fig. 9.
Hörnes, *Foss. Moll. tert. Wien*, T. I, p. 145, pl. XII,
fig. 11, 12.
de Dax... .... T. 12*a*.

No. 14622. **Buccinum ambiguum** Desh.
Voyez:
Deshayes, *Descr. coq. foss. Paris*, T. II, p. 653,
pl. LXXXVII, fig. 11—14.
de Cuise................... .... T. 12*a*.
„ 14623. **Id.** de Gènes........................... „ 12*a*.
„ 14624. **Id.** de Cuise.............................. „ 12*a*.

MURICIDES.

No. 14557. **Pleurotoma semimarginata** Lamk.
Pleurotoma Borsoni Bast.
Pleurotoma subcanaliculata Münst.
Voyez:
Lamarck, *Anim. sans vert.*, T. VII, p. 96.
Basterot, *Bordeaux*, p. 64, pl. III, fig. 2.
Münster < Goldfuss, *Petr. Germ.*, T. III, p. 20,
pl. LXXI, fig. 8.
Hörnes, *Foss. Moll. tert. Wien*, T. I, p. 347, pl. XXXVIII,
fig. 7, 8.
de Dax............ .... T. 12*a*.

No. 14558. **Pleurotoma transversaria** Lamk.
Voyez:
Lamarck < *Ann. mus.*, T. III, p. 166.
Deshayes, *Descr. coq. foss. Paris*, T. II, p. 450,
pl. LXII, fig. 1, 2. .... T. 12*a*.

No. 14559. **Pleurotoma pyrulata** Desh.
Voyez:
Deshayes, *Descr. coq. foss. Paris*, T. II, p. 449,
pl. LXVI, fig. 1—3.
de Cuise.................................... T. 12*a*.

No. 14560. **Pleurotoma marginata** Lamk.
Voyez.
Lamarck < *Ann. mus.*, T. III, p. 166.
Deshayes, *Descr. coq. foss. Paris*, T. II, p. 472,
pl. LXX, fig. 6, 7, 10, 11.
de Grignon............................. ..... T. 12*a*.

26*

No. 14561. **Pleurotoma dentata** LAMK.
> Voyez:
> LAMARCK < *Ann. du mus.*, T. III, p. 167; T. VIII,
> pl. XIII, fig. 1.
> DESHAYES, *Descr. coq. foss. Paris*, T. II, p. 452,
> pl. LXII, fig. 3, 4, 7, 8.
> de Chaumont........ .... T. 12*a*.

No. 14562. **Pleurotoma angulosa** DESH.
> *Pleurotoma angulata* DESH.
> Voyez:
> DESHAYES, *Descr. coq. foss. Paris*, T. II, p. 478,
> pl. LXVII, fig. 4—7.
> de Chaumont................ T. 12*a*.

No. 14563. **Pleurotoma clavicularis** LAMK.
> Voyez:
> LAMARCK < *Ann. mus.*, T. III.
> DESHAYES, *Descr. coq. foss. Paris*, T. II, p. 347,
> pl. LXIX, fig. 9, 10, 15—18.... T. 12*a*.

No. 14564. **Pleurotoma labiata** DESH.
> Voyez:
> DESHAYES, *Descr. coq. foss. Paris*, T. II, p. 438,
> pl. LXVIII, fig. 23, 24.
> de Mouchy................ T. 12*a*.

No. 14565. **Pleurotoma Lajonkairei** DESH.
> Voyez:
> DESHAYES, *Descr. coq. foss. Paris*, T. II, p. 467,
> pl. LXV, fig. 18—20.
> de Cuise................ T. 12*a*.

No. 14566. **Pleurotoma coronata** MÜNST.
> Voyez:
> MÜNSTER < GOLDFUSS, *Petr. Germ.*, T. III, p. 21,
> pl. LXXI, fig. 8.
> HÖRNES, *Foss. Moll. tert. Wien*, T. II, p. 355.
> d'Albiuga............... T. 12*a*.

No. 14567. **Pleurotoma auricula** SERR.
> Voyez:
> SERRES, *Tert.*, p. 260.
> de Banyuls dels aspre................ T. 12*a*.

No. 14568. **Pleurotoma monile** BROCCHI.
> Voyez:
> BROCCHI, *Conch. Subap.*, T. II, p. 432, pl. VIII, fig. 15.
> HÖRNES, *Foss. Moll. tert. Wien*, T. I, p. 353, pl. XXXVIII,
> fig. 4—7.
> de Dax................ T. 12*a*.

No. 14569. **Pleurotoma ventricosa** Lamk.
Voyez:
Deshayes, *Descr. coq. foss. Paris*, T. II, p. 469, pl. LXV, fig. 1—7.
de Chaumont............................... T. 12*a*.

No. 14570. **Pleurotoma filosa** Lamk.
Voyez:
Lamarck < *Ann. mus.*, T. III, p. 164.
Deshayes, *Descr. coq. foss. Paris*, T. II, p. 448, pl. LXVIII, fig. 25, 26.
de Banyuls dels aspre......................... T. 12*a*.

No. 14571. **Pleurotoma obeliscus** Des Moulins.
Pleurotoma oblonga Defr.
Murex oblongus Brocchi.
Pleurotoma dubia Nyst.
Voyez:
Des Moulins, *Rev. gen. Pleur.* < *Act. Linn.*, T. XII, p. 176.
Dufrance < *Dict. Scienc. nat.*, T. XLI, p. 394.
Brocchi, *Conch. Subap.*, T. II, p. 429, pl. VIII, fig. 5.
Nyst, *Coq. et pol. foss. tert. Belg.*, p. 530, pl. XLI, fig. 8.
Hörnes, *Foss. Moll. tert. Wien*, T. I, p. 372, pl. XXXIX, fig. 19.
de Banyuls dels aspre.................. ...... T. 12*a*.

No. 14572. **Pleurotoma bistriata** Desh.
Voyez:
Deshayes, *Descr. coq. foss. Paris*, T. II, p. 444, pl. LXX, fig. 3—5............. T. 12*a*.

No. 14573. **Pleurotoma cancellata** Desh.
Voyez:
Deshayes, *Descr. coq. foss. Paris*, T. II, p. 474, pl. LXVI, fig. 8—10.
de Cuise................................. T. 12*a*.

No. 14574. **Pleurotoma terebralis** Lamk.
Voyez:
Lamarck < *Ann. mus.*, T. III, p. 266.
Deshayes, *Descr. coq. foss. Paris*, T. II, p. 455, pl. LXII, fig. 14—16.
de Cuise...... .... T. 12*a*.

No. 14575. **Pleurotoma plicatilis** Desh.
Voyez:
Deshayes, *Descr. coq. foss. Paris*, T. II, p. 463, pl. LXIII, fig. 20—22.
de Perny.................................... T. 12*a*.

No. 14576. **Pleurotoma brevicula** Desh.
Voyez:
Deshayes, *Descr. coq. foss. Paris*, T. II, p. 461, 491, pl. LXIII, fig. 7—10; pl. LXVIII, fig. 13—15.
de Mouchy . . . . T. 12a.

No. 14577. **Pleurotoma laevigata** Sow.
Voyez:
Sowerby, *Min. Conch.*, T. IV, p. 123, pl. CCCLXXXVII, fig. 3.
de Dax . . . . T. 12a.

No. 14578. **Pleurotoma prisca** Sow.
Voyez:
Sowerby, *Min. Conch.*, T. IV, p. 119, pl. CCCLXXXVI.
Deshayes, *Descr. coq. foss. Paris*, T. II, p. 436, pl. LXIX, fig. 1, 2.
de Cuise. . . . . T. 12a.

No. 14579. **Pleurotoma ramosa** Bast.
Murex reticulatus Brocchi.
Voyez:
Basterot, *Bordeaux*, p. 67, pl. III, fig. 15.
Brocchi, *Conch. Subap.*, T. II, p. 455, pl. XI, fig. 12.
Hörnes, *Foss. Moll. tert. Wien*, T. I, p. 335, pl. XXXVI, fig. 10—14.
de Dax. . . . . T. 12a.

No. 14580. **Pleurotoma tenuistriata** Desh.
Voyez:
Deshayes, *Descr. coq. foss. Paris*, T. II, p. 462, pl. LXIII, fig. 17—19.
de Cuise. . . . . T. 12a.
14581. **Id.** de Dax . . . . 12a.
14582. **Id.** d'Albuga . . . . 12a.

No. 14633. **Cancellaria acutangula** Bast.
Voyez:
Basterot, *Bord.*, p. 45, pl. II, fig. 4.
de Saucats près Bordeaux . . . . T. 12a.

No. 14634. **Cancellaria striatulata** Desh.
Voyez:
Deshayes, *Descr. coq. foss. Paris*, T. II, p. 503, pl. LXXIX, fig. 29, 30.
de Cuise . . . . T. 12a.

No. 14607. **Pyrula rusticula** Bast.
Pyrula spirillus Desh.
Murex rusticulus d'Orb.

Voyez:

BASTEROT, *Bordeaux*, p. 68, pl. VII, fig. 9.
D'ORBIGNY, *Prodrom.*, T. III, p. 73.
BRONN, *Leth. geogn.*, T. VI, p. 532, pl. XLII, fig. 42.
HÖRNES, *Foss. Moll. tert. Wien*, T. 1, p. 266, pl. XXVII,
    fig. 1—10.
de Bordeaux............. ... . T. 12*a*.

No. 14008. **Pyrula tricostata** DESH.

Voyez:

DESHAYES, *Descr. coq. foss. Paris*, T. II, p. 584,
    pl. LXXIX, fig. 10, 11.
de Cuise .... T. 12*a*.

No. 14540. **Fusus burdigalensis** GRAT.
    Fascicolaria burdigalensis DEFR.

Voyez:

GRATELOUP, *Atl.*, pl. XXIII, fig. 6—8, 10, 11; pl. XXIV,
    fig. 8, 10, 11, 22.
DEFRANCE < *Dict. Scienc. nat.*, T. XVII, p. 541.
HÖRNES, *Foss. Moll. tert. Wien*, T. I, p. 296, pl. XXXII,
    fig. 13, 14.
de Loignan .... T. 12*a*.
 • 14541. **Id.** Ib. .... " 12*a*.

No. 14542. **Fusus subcarinatus** LAMK.

Voyez:

LAMARCK < *Ann. du mus.*, T. III, p. 387.
DESHAYES, *Descr. coq. foss. Paris*, T. II, p. 565,
    pl. LXXVII, fig. 7—14.
de Morfontaine .... T. 12*a*.

No. 14543. **Fusus rugosus** LAMK.

Voyez:

LAMARCK < *Ann. du mus.*, T. II, p. 316; T. VI,
    pl. XLVI, fig. 1.
DESHAYES, *Descr. coq. foss. Paris*, T. II, p. 519, pl. LXXV,
    fig. 4—7, 10, 11................ T. 12*a*.

No. 14544. **Fusus longaevus** LAMK.

Voyez:

LAMARCK < *Ann. du mus.*, T. II, p. 317.
DESHAYES, *Descr. coq. foss. Paris*, T. II, p. 523,
    pl. LXXIV, fig. 18—21.
de Grignon .... T. 12*a*.
 • 14551. **Id.** Ib. .... • 12*a*.

No. 14545. **Fusus tuberculosus** DESH.

Voyez:

DESHAYES, *Descr. coq. foss. Paris*, T. II, p. 522,
    pl. LXXV, fig. 14, 15.
de Cuise .... T. 12*a*.

No. 14546. **Fusus Noae** LAMK.

Voyez:

LAMARCK < *Ann. du mus.*, T. II, p. 316; T. VI, pl. XLVI, fig. 4.

DESHAYES, *Descr. coq. foss. Paris*, T. II, p. 528, pl. LXXV, fig. 8, 9, 12, 13.

PICTET, *Paléont.*, T. III, p. 226, pl. LXV, fig. 21.

T. 12a.

No. 14547. **Fusus ficulneus** LAMK.

Voyez:

LAMARCK < *Ann. du mus.*, T. II, p. 386.

DESHAYES, *Descr. coq. foss. Paris*, T. II, p. 572, pl. LXXIII, fig. 21—26........ T. 12a.

No. 14548. **Fusus minax** LAMK.

Voyez:

LAMARCK, *Anim. sans vert.*, T. VII, p. 135.

SOWERBY, *Min. Conch.*, T III, p. 51, pl. CCXXIX, fig. 2.

DESHAYES, *Descr. coq. foss. Paris*, T. II, p. 568, pl. LXXVII, fig. 1—4.

de Var...................... .... T. 12a

No. 14549. **Fusus incertus** DESH.

Voyez:

DESHAYES, *Descr. coq. foss. Paris*, T. II, p. 537, pl. LXXI, fig. 1, 2.

de Parny................................. T. 12a.

No. 14550. **Fusus intortus** LAMK.

Voyez:

LAMARCK < *Ann. du mus.*, T. III, p. 318; T. VI, pl. XLVI, fig. 4.

DESHAYES, *Descr. coq. foss. Paris*, T. II, p. 538, pl. LXXIII, fig. 4, 5, 10, 11, 14, 15.

de Parny................................. T. 12a.

No. 14552. **Fusus breviculus** DESH.

Voyez:

DESHAYES, *Descr. coq. foss. Paris*, T. II, p. 530, pl. LXXII, fig. 3, 4.

d'Hénouville................................. T. 12a.

No. 14553. **Fusus aciculatus** LAMK.

Fusus acuminatus Sow.

Fusus asper Sow.

Voyez:

LAMARCK < *Ann. mus.*, T. II, p. 318; T. VI, pl. XLVI, fig. 6.

DESHAYES, *Descr. coq. foss. Paris*, T. II, p. 451, pl. LXXI, fig. 7, 8.

SOWERBY, *Min. Conch.*, T. III, p. 181, pl. CCLXXIV, fig. 1—7.

de Cuise................................. T. 12a.

No. 14554. **Fusus deceptus** Defr.

Voyez:

DESHAYES, *Descr. coq. foss. Paris*, T. II, p. 552,
pl. LXXVI, fig. 7—9.......... T. 12*a*.

No. 14555. **Fusus funiculosus** Lamk.

Voyez:

LAMARCK < *Ann. mus.*, T. II, p. 318.
DESHAYES, *Descr. coq. foss. Paris*, T. II, p. 516,
pl. LXXII, fig. 5—7.
de Cuise................................. T. 12*a*.

No. 14556. **Fusus? (Fasciolaria) uniplicatus.**
de Grignon .... T. 12*a*.

No. 14602. **Tritonium colubrinum** Lamk.
Murex colubrinus Lamk.
Triton colubrinum Desh.

Voyez:

LAMARCK < *Ann. mus.*, T. II, p. 226.
LAMARCK, *Anim. sans vert.*, T. VII, p. 575.
DESHAYES, *Descr. coq. foss. Paris*, T. II, p. 610,
pl. LXXX, fig. 22—24 .... T. 12*a*.

No. 14536. **Tritonium reticulosum** Desh.
Murex reticulosus Lamk.

Voyez:

DESHAYES, *Descr. coq. foss. Paris*, T. II, p. 615,
pl. LXXX, fig. 30—32.
LAMARCK < *Ann. du mus.*, T. II, p. 226.
de Cuise................................. T. 12*a*.

No. 14587. **Ranella marginata** Brongn.
Buccinum marginatum Brocchi.
Ranella laevigata Lamk.

Voyez:

BROCCHI, *Conch. Subap.*, T. II, p. 332, pl. IV, fig. 17.
LAMARCK, *Anim. sans vert.*, T. VII, p. 154.
HÖRNES, *Foss. Moll. tert. Wien*, T. I, p. 214, pl. XXI,
fig. 7—11.
de Banyuls dels aspre.................. T. 12*a*.
„ 14588. **Id.** de Millas.................... • 12*a*.

No. 14535. **Murex plicatilis** Desh.

Voyez:

DESHAYES, *Descr. coq. foss. Paris*, T. II, p. 588,
pl. LXXXI, fig. 19—21.
de Cuise.................................. T. 12*a*.

No. 14537. **Murex subulatus** Brocchi.
  Voyez :
   Brocchi, *Subap.*, p. 426, 683, pl. VIII, fig. 21.
   de Banyuls dels aspre........................ T. 12*a*.

No. 14538. **Murex tricarinatus** Lamk.
  Murex asper? Brand.
  Voyez :
   Lamarck < *Ann. du mus.*, T. II, p. 223.
   Deshayes, *Descr. coq. foss. Paris*, T. II, p. 597,
          pl. LXXXII, fig. 7—10.
   de Grignon................................ T. 12*a*.

No. 14539. **Murex tripteroïdes** Lamk.
  Murex tripterus Lamk.
  Voyez :
   Lamarck, *Anim. sans vert.*, T. VII, p. 177.
   Lamarck < *Ann. du mus.*, T. II, p. 222.
   Deshayes, *Descr. coq. foss. Paris*, T. II, p. 595,
          pl. LXXXII, fig. 1, 2.
   Bronn, *Leth. geogn.*, T. VI, p. 528, pl. XLI, fig. 24.
   de Grignon........... .... T. 12*a*.

VOLUTIDES.

No. 14635. **Mitra obliquata** Desh.
  Voyez :
   Deshayes, *Descr. coq. foss. Paris*, T. II, p. 677,
          pl. LXXXIX, fig. 3, 4; pl. XC, fig. 5, 6.
   de Perny.................................. T. 12*a*.

No. 14636. **Mitra labratula** Lamk.
  Voyez :
   Lamarck < *Ann. mus.*, T. II, p. 58.
   Deshayes, *Descr. coq. foss. Paris*, T. II, p. 672,
          pl. LXXXVIII, fig. 9, 10, 18, 19.
   de Mouchy................................ T. 12*a*.

No. 14637. **Mitra** *sp.* d'Albinga, Gènes.. .... T. 12*a*.

No. 14525. **Voluta cithara** Lamk.
  Voyez :
   Lamarck < *Ann. du mus.*, T. I, p. 478.
   Deshayes, *Descr. coq. foss. Paris*, T. II, p. 694,
          pl. XCI, fig. 1—6.
   de Perny.................................. T. 12*a*.

No. 14526. **Voluta bicorona** Lamk.
Voyez:
Lamarck < *Ann. mus.*, T. 1, p. 478.
Deshayes, *Descr. coq. foss. Paris*, T. 11, p. 692,
pl. XCIII, fig. 16, 17.
de Perny... T. 12*a*.

No. 14527. **Voluta costaria** Lamk.
Voluta mixta Nyst.
Voyez:
Lamarck < *Ann. du mus.*, T. 1, p. 477.
Nyst, *Coq. et pol. foss. tert. Belg.*, p. 591.
Deshayes, *Descr. coq. foss. Paris*, T. 11, p. 698, pl. XCI,
fig. 16, 17.
de Mouchy.. T. 12*a*.

No. 14528. **Voluta ambigua** Lamk.
Voyez:
Lamarck < *Ann. mus.*, T. XVII, p. 77.
Sowerby, *Min. Conch.*, T. IV, p. 135, pl. CCCXCIX.
Deshayes, *Descr. coq. foss. Paris*, T. 11, p. 691,
pl. XCIII, fig. 10, 11.
de Cuise.. T. 12*a*.

No. 14529. **Voluta harpula** Lamk.
Voyez:
Lamarck < *Ann. du mus.*, T. 1, p. 478.
Deshayes, *Descr. coq. foss. Paris*, T. 11, p. 702,
pl. XCI, fig. 10, 11............. T. 12*a*.
" 14532. **Id.** de Grignon.............................. · 12*a*.

No. 14530. **Voluta mitrata** Desh.
Voyez:
Deshayes, *Descr. coq. foss. Paris*, T. 11, p. 696,
pl. XCI, fig. 1, 2............. T. 12*a*.

No. 14531. **Voluta Branderi** Defr.
Voyez:
Defrance < *Dict.*, T. LVIII, p. 477.
Deshayes, *Descr. coq. foss. Paris*, T. 11, p. 701,
pl. XC, fig. 15, 16.
de Boucouvillers................................... T. 12*a*.

No. 14533. **Voluta digitalina** Lamk.
Voluta lima Sow.
Voyez:
Lamarck < *Ann. mus.*, T. XVII, p. 77.
Lamarck, *Anim. sans vert.*, T. VII, p. 351.
Deshayes, *Descr. coq. foss. Paris*, T. 11, p. 694,
pl. XCIII, fig. 1, 2.......... T. 12*a*.

No. 14534. **Voluta** *sp.* de Dax.......................... T. 12*a*.

27*

CONIDES.

No. 14583. **Conus Mercati** Brocchi.
Conus mediterraneus Brug.
Voyez :

Brocchi, *Conch. Subap.*, T. II, p. 287, pl. II, fig. 6.
Lamarck, *Anim. sans vert.*, T. VII, p. 494.
Hörnes, *Foss. Moll. tert. Wien*, T. I, p. 23, pl. II, fig. 1, 2, 3.
de Bordeaux . . . . T. 12*a*.

„ 14584. **Id.** . . . . „ 12*a*.

No. 14585. **Conus turritus** Lamk.
Voyez :

Lamarck < *Ann. mus.*, T. II, p. 440.
Deshayes, *Descr. coq. foss. Paris*, T. II, p. 749, pl. XCVIII, fig. 5, 6.
de Chaumont . . . . T. 12*a*.

No. 14586. **Conus deperditus** Brug.
Conus virginalis Brocchi.
Voyez :

Bruguière < *Encycl. méth.*, T. I, p. 691, pl. CCCXXXVII, fig. 7.
Deshayes, *Descr. coq. foss. Paris*, T. II, p. 745, pl. XCVIII, fig. 1, 2.
Brocchi, *Conch. Subap.*, T. II, p. 290, pl. II, fig. 10.
Bronn, *Leth. geogn.*, T. VI, p. 582, pl. XLII, fig. 14.
T. 12*a*.

STROMBIDES.

No. 14638. **Rostellaria fissurella** Lamk.
Rostellaria rimosa Sow.
Rostellaria lucida Sow.
Voyez :

Lamarck < *Ann. du mus.*, T. II, p. 221; T. VI, pl. XLV, fig. 3.
Sowerby, *Min. Conch.*, T. I, p. 203, 204, pl. XCI, fig. 1—6.
Deshayes, *Descr. coq. foss. Paris*, T. II, p. 622, pl. LXXXIII, fig. 2, 3, 4; pl. LXXXIV, fig. 5, 6.
Bronn, *Leth. geogn.*, T. VI, p. 517.
Pictet, *Paléont.*, T. III, p. 204, pl. LXIV, fig. 22.
de Mouchy . . . . T. 12*a*.

„ 14639. **Id.** de Cuise . . . . „ 12*a*.

„ 14640. **Id.** de Grignon . . . . „ 12*a*.

No. 14642. **Rostellaria** *sp* .... T. 12*a*.

No. 14641. **Chenopus pes-pelecani** PHIL.
> *Rostellaria pes-pelecani* LAMK.
> *Aporrhais pes-pelecani* BRONN.
> *Rostellaria Parkinsoni* SOW.
> *Chenopus anglicus* D'ORB.
> *Aporrhais Uttingerianus* RISSO.
> *Strombus pes-pelecani* BROCCHI.
> *Rostellaria pes-gracula* BRONN.

Voyez:
LAMARCK, *Anim. saus vert.*, T. VII, p. 193.
BRONN < *Jahrb.*, 1827, p. 532.
D'ORBIGNY, *Prodrom.*, T. III, p. 59.
RISSO, *Env. Nice*, T. IV, p. 225.
BROCCHI, *Conch. Subap.*, T. 11, p. 385.
SOWERBY, *Min. Conch.*, T. IV, p. 69, pl. CCCXLIX,
  fig. 5; T. VI, p. 109, pl. DLXXXVIII, fig. 1.
NYST, *Coq. et poll. foss. tert. Belg.*, p. 561, pl. XLIII, fig. 7.
BRONN, *Leth. geogn.*, T. VI, p. 515, pl. XLI, fig. 30.
PICTET, *Paléont.*, T. III, p. 205, pl. LXIV, fig. 23, 24.
HÖRNES, *Foss. Moll. tert. Wien*, T. I, p. 194, pl. XVIII,
  fig. 2—4.
de Banyuls dels aspre... .... T. 12*a*.

No. 14643. **Strombus rugosus** DEFR.? .... T. 12*a*.

No. 14644. **Strombus decussatus** DEFR.? .... T. 12*a*.

No. 14645. **Strombus** *sp.* de Ronca .... T. 12*a*.

OLIVIDES.

No. 14592. **Ancillaria buccinoïdes** LAMK.
> *Ancilla buccinoïdes* LAMK.
> *Ancillaria subulata* LAMK.
> *Ancillaria subulata* SOW.

Voyez:
LAMARCK < *Ann. du mus.*, T. I, p. 475; T. VI,
  p. 304, pl. XVI; pl. XLIV, fig. 5.
SOWERBY, *Min. Conch.*, T. IV, p. 37, pl. CCCXXXIII,
  fig. 1—4.
DESHAYES, *Descr. coq. foss. Paris*, T. II, p. 730,
  pl. XCVII, fig. 11—14.
de Grignon................................... T. 12*a*.
14593. **Id.** de Cuise............................... * 12*a*.

No. 14594. **Ancillaria canalifera** Lamk.
Ancilla canalifera Lamk.
Oliva canalifera Lamk.
Voyez:
Lamarck < *Ann. mus.*, T. XVI, p. 304; T. I, p. 475;
T. VI, pl. XLIV, fig. 6; T. XVI, p. 327.
Lamarck, *Anim. sans vert.*, T. VII, p. 439.
Deshayes, *Descr. coq. foss. Paris*, T. II, p. 784,
pl. XCVI, fig. 14, 15.
de Parny . . . . T. 12a.

No. 14595. **Ancillaria olivula** Lamk.
Ancilla olivula Lamk.
Voyez:
Lamarck < *Ann. du mus.*, T. 1, p. 475; T. XVI, p. 306.
Deshayes, *Descr. coq. foss. Paris*, T. II, p. 735,
pl. XCVI, fig. 6, 7, 10. 11.
de Grignou . . . . T. 12a.

No. 14625. **Oliva plicaria** Lamk.
Oliva hiatula Lamk.
Voyez:
Lamarck < *Ann. mus.*, T. XVI, p. 325, 327.
Basterot, *Bord.*, p. 41, pl. II, fig. 9.
de Dax . . . . T. 12a.
• 14626. **Id.** de Bordeaux . . . . T. 12a.

No. 14627. **Oliva clavula** Lamk.
Voyez:
Lamarck < *Ann. du mus.*, T. XVI, p. 328.
Hörnes, *Foss. Moll. tert. Wien*, T. 1, p. 49, pl. VII, fig. 1.
de Dax . . . . T. 12a.

No. 14628. **Oliva mitreola** Lamk.
Voyez:
Lamarck < *Ann. mus.*, T. 1, p. 23; T. VI, pl. XLIV,
fig. 4.
Deshayes, *Descr. coq. foss. Paris*, T. II, p. 742,
pl. XCVI, fig. 21, 22.
de Parny . . . . T. 12a.

No. 14629. **Oliva Marmini** Micu.
Voyez:
Michelin, *Coquill.*, fig. 6, 7.
Deshayes, *Descr. coq. foss. Paris*, T. II, p. 741,
pl. XCVI, fig. 23, 24.
de Dax . . . . T. 12a.

No. 14630. **Oliva** *sp.* . . . . T. 12a.
• 14631. **Id.** *sp.* . . . . • 12a.

No. 14632. **Terebellum fusiforme** Lamk.

Voyez:

LAMARCK < *Ann. mus.*, T. XVI, p. 301.
SOWERBY, *Min. Conch.*, T. III, pl. CCLXXXVII.
DESHAYES, *Descr. coq. foss. Paris*, T. II, p. 738,
    pl. XCV, fig. 30, 31.
de Cuise . . . . T. 12*a*.

CYPRÉADES.

No. 14598. **Cypraea leporina** Lamk.

Voyez:

LAMARCK < *Ann. mus.*, T. XVI, p. 104.
LAMARCK, *Anim. sans vert.*, T. VII, p. 405.
GRATELOUP, *Atl.*, T. 1, pl. XL, fig. 3, pl. XLVII, fig. 5.
de Dax . . . . T. 12*a*.

No. 14599. **Cypraea Brocchi** Desh.
Cypraea annulus Lamk.

Voyez:

DESHAYES < LAMARCK, *Anim. sans vert.*, T. X, p. 575.
BROCCHI, *Subap.*, p. 282, pl. II, fig. 1.
de Dax . . . . T. 12*a*.

No. 14600. **Cypraea elegans** Defr.

Voyez:

DEFRANCE < *Dict.*, T. XLIII, p. 39.
DESHAYES, *Descr. coq. foss. Paris*, T. II, p. 726,
    pl. XCVII, fig. 1, 2 . . . . T. 12*a*.

No. 14601. **Cypraea coccinella** Lamk.
Cypraea crenata Desh.

Voyez:

LAMARCK < *Ann. mus.*, T. XVI, p. 108.
LAMARCK, *Anim. sans vert.*, T. VII, p. 408.
DESHAYES, *Descr. coq. foss. Paris*, T. II, p. 728,
    pl. XCIV*bis*, fig. 30—32.
de Montholon . . . . T. 12*a*.

TROCHIDES.

No. 14654. **Solarium bistriatum** Desh.

Voyez:

DESHAYES, *Descr. coq. foss. Paris*, T. II, p. 215, pl. XXV, fig. 19, 20.

de Cuise................................ T. 12*a*.

No. 14655. **Solarium stramineum** Lamk.

Voyez:

LAMARCK, *Anim. sans vert.*, T. VII, p. 4.

de Mouchy................................ T. 12*a*.

No. 14605. **Bifrontia laudinensis** Desh.

Solarium laudinense Defr.

Voyez:

DESHAYES, *Descr. coq. foss. Paris*, T. II, p. 226, pl. CCXXVI, fig. 15, 16.

DEFRANCE < *Dict.*, T. LV, p. 487.

de Cuise................................ T. 12*a*.

No. 14646. **Phorus cumulans** Bronn.

Trochus cumulans Brongn.

Trochus agglutinans Brocchi.

Xenophora cumulans Hörn.

Voyez:

BRONGNIART, *Trapp.*, p. 57, pl. IV, fig. 1.

BROCCHI, *Conch. Subap.*, T. II, p. 358.

HÖRNES, *Foss. Moll. tert. Wien*, T. I, p. 443, pl. XLIV, fig. 13.

de Bordeaux.............................. T. 12*a*.

„ 14647. **Id.** de Cuise..... „ 12*a*.

No. 14597. **Phasianella turbinoïdes** Lamk.

Trochus turbinoïdes Gein.

Voyez:

LAMARCK < *Ann. mus.*, T. IV, p. 296.

DESHAYES, *Descr. coq. foss. Paris*, T. II, p. 265, pl. XL, fig. 1—4.

GEINITZ, *Verstein.*, p. 348. .... T. 12*a*.

No. 14648. **Trochus patulus** Brocchi.

Voyez:

BROCCHI, *Conch. Subap.*, T. II, p. 356, pl. V, fig. 19.

BRONN, *Leth. geogn.*, T. VI, p. 486, pl. XL, fig. 36.

HÖRNES, *Foss. Moll. tert. Wien*, T. I, p. 458, pl. XLV, fig. 14........................... T. 12*a*.

No. 14649.   **Trochus monilifer** Lamk.

Voyez :

LAMARCK < *Ann. mus.*, T. IV, p. 48.
DESHAYES, *Descr. coq. foss. Paris*, T. II, p. 231,
pl. XXVIII, fig. 1, 6.
SOWERBY, *Min. Conch.*, T. IV, p. 91, pl. 367.
de la Chapelle.............................. .. T. 12*a*.

No. 14603.   **Delphinula** *sp.* (cyclostomoides?)

de Wurtemberg............................. T. 12*a*.

No. 14604.   **Delphinula marginata** Lamk.

* Voyez :

LAMARCK < *Ann. mus.*, T. IV, p. 3, pl. XXXVI, fig. 6.
DESHAYES, *Descr. coq. foss. Paris*, T. II, p. 208,
pl. XXIII, fig. 17—20.
de Cuise........................ .... T. 12*a*.

No. 14650.   **Turbo Parkinsoni** Bast.

Voyez :

BASTEROT, *Bordeaux*, p. 26, pl. 1, fig. 1.
de Dax.......................... .... T. 12*a*.

No. 14651.   **Turbo tuberculatus** Serr.

Voyez :

SERRES, *Tert.*, p. 103, pl I, fig. 7, 8.
de Banyuls dels aspre........................ T. 12*a*.

No. 14652.   **Turbo** *sp.* .... T. 12*a*.

NÉRITIDES.

No. 14656.   **Nerita tricarinata** Lamk.

Voyez :

LAMARCK < *Ann. mus.*, T. V, p. 94; T. VIII, pl. LXII,
fig. 4.
DESHAYES, *Descr. coq. foss. Paris*, T. II, p. 160,
pl. XIX, fig. 9, 10.
de Cuise................................... T. 12*a*.

No. 14658.   **Neritina globulus** Defr.

Nerita uniplicata Sow.

Voyez :

DESHAYES, *Descr. coq. foss. Paris*, T. II, p. 151,
pl. XVII, fig. 19, 20.
SOWERBY, *Min. Conch.*, T. IV, p. 118, pl. CCCLXXXV,
fig. 9, 10.
de Dax.................................. .... T. 12*a*.

28

No. 14659.   **Neritina zonaria** Desh.
> Voyez:
> Deshayes, *Descr. coq. foss. Paris*, T. II, p. 156,
>   pl. XXV, fig. 1, 2.
> de Cuise... .... T. 12*a*.

No. 14657.   **Neritina** *sp.* (**expansa?**) de Dax.... .... T. 12*a*.

No. 14660.   **Neritina** *sp.* (**picta** Bast?)............. .... T. 12*a*.

NATICIDES.

No. 14815.   **Sigaretus canaliculatus** Sow.
> Voyez:
> Sowerby, *Min. Conch.*, T. IV, p. 115, pl. CCCLXXXIV.
> Deshayes, *Descr. coq. foss. Paris*, T. II, p. 182,
>   pl. XXI, fig. 13—14.
> Nyst, *Coq. et pol. foss. tert. Belg.*, p. 449.
> de Dax............... .... T. 12*a*.

No. 14589.   **Natica acuminata** Bronn.
> *Ampullaria acuminata* Lamk.
> Voyez:
> Bronn, *It.*, p. 73.
> Lamarck < *Ann. mus.*, T. V, p. 30; T. VIII, pl. LXI,
>   fig. 4.
> Deshayes, *Descr. coq. foss. Paris*, T. II, p. 139,
>   pl. XVII, fig. 9, 10.
> de Cuise................................. T. 12*a*.

No. 14590.   **Natica spirata** Bronn.
> *Ampullaria spirata* Lamk.
> Voyez:
> Bronn, *It.*, p. 73.
> Lamarck < *Ann. mus.*, T. V, p. 30.
> Deshayes, *Descr. coq. foss. Paris*, T. II, p. 138,
>   pl. XVI, fig. 10, 11.
> de Cuise.................................. T. 12*a*.

„ 14591.   **Id.** Ib. .... „ 12*a*.

No. 14661.   **Natica epiglottina** Lamk.
> *Natica similis* Sow.
> Voyez:
> Lamarck < *Ann. du mus.*, T. V, p. 95; T. VIII,
>   pl. LXII, fig. 6.
> Sowerby, *Min. Conch.*, T. 1, p. 20, pl. V.
> Deshayes, *Descr. coq. foss. Paris*, T. II, p. 165,
>   pl. XX, fig. 5, 6, 11.
> Bronn, *Leth. geogn.*, T. VI, p. 449, pl. XL, fig. 31.
>   T. 12*a*.

„ 14662.   **Id.** de Banyuls dels aspre .... „ 12*a*.

No. 14663. **Natica cepacea** LAMK.

  Pitonillus cepaceus FÉR.

    Voyez:

    LAMARCK < *Ann. mus.*, T. V, p. 96; T. VIII, pl. LXII,
      fig. 5.

    DESHAYES, *Descr. coq. foss. Paris*, T. II, p. 168,
      pl. XXII, fig. 5, 6.

    FÉRUSSAC, *Bull.*, T. V, p. 378 .... T. 12*a*.

No. 14664. **Natica Josephinia** BRONN.

  Nerita glaucina BROCCHI.

  Natica glaucina LAMK.

  Natica sigaretina SOW.

  Natica olla SERR.

  Natica glaucinoides GRAT.

    Voyez:

    BRONN, *Leth. geogn.*, T. VI, p. 450, pl. XL, fig. 30.

    BROCCHI, *Conch. Subap.*, T. II, p. 296.

    LAMARCK, *Anim. sans vert.*, T. VI, p. 196.

    SOWERBY, *Min. Conch.*, T. V, p. 126, pl. CDLXXIX,
      fig. 3.

    HÖRNES, *Foss. Moll. tert. Wien*, T. I, p. 523, pl. XLVII,
      fig. 4, 5.

    de Banyuls dels aspre .... T. 12*a*.

 14668. **Id.** de La Chapelle .... " 12*a*.

No. 14665. **Natica millepunctata** LAMK.

  Natica rartpunctata BRONN.

  Natica canrena BROCCHI.

  Natica tigrina PHIL.

  Natica maculata DESH.

    Voyez:

    LAMARCK, *Anim. sans vert.*, T. VI, p. 199.

    BROCCHI, *Conch. Subap.*, T. I, p. 296.

    BRONN, *Leth. geogn.*, T. VI, p. 452, pl. XL, fig. 29.

    PICTET, *Paléont.*, T. III, p. 116, pl. XLI, fig. 7.

    HÖRNES, *Foss. Moll. tert. Wien*, T. I, p. 518, pl. XLVII,
      fig. 1, 2.

    de Bordeaux .... T. 12*a*.

No. 14666. **Natica labellata** LAMK.

  Natica glaucinoides SOW.

    Voyez:

    LAMARCK < *Ann. du mus.*, T. V, p. 95.

    SOWERBY, *Min. Conch.*, T. I, p. 19, pl. V, fig. 1—3.

    DESHAYES, *Descr. coq. foss. Paris*, T. II, p. 164,
      pl. XX, fig. 3, 4.

    de Cuise .... T. 12*a*.

          28*

No. 14667. **Natica acuta** Desh.
Voyez :
DESHAYES, *Descr. coq. foss. Paris*, T. II, p. 173,
pl. XXI, fig. 7, 8.............. T. 12*a*.
No. 14669. **Natica** *sp.* (lineolata?).................... T. 12*a*.
• 14670. **Id.** .... " 12*a*.

PYRAMIDELLIDES.

No. 14519. **Niso terebellum** Phil.
Bulimus terebellatus Lamk.
Bonellia terebellata Desh.
Voyez :
PHILIPPI, *Molusc. Sicil.*, T. II, p. 136.
LAMARCK < *Ann. mus.*, T. IV, p. 291; T. VIII,
pl. LIX, fig. 6.
DESHAYES, *Descr. coq. foss. Paris*, T. II, p. 63, pl. IX,
fig. 1, 2.
de Cuise.................................. T. 12*a*.

LITTORINIDES.

No. 14502. **Turritella terebralis** Lamk.
Voyez :
LAMARCK, *Anim. sans vert.*, T. VII, p. 59.
BASTEROT, *Bord.*, p. 28, pl. I, fig. 14....... T. 12*a*.
No. 14503. **Turritella terebellata** Lamk.
Melania sulcata Sow.
Voyez :
LAMARCK < *Ann. mus.*, T. IV, p. 218.
DESHAYES, *Descr. coq. foss. Paris*, T. II, p. 279,
pl. XXXV, fig. 3, 4.
SOWERBY, *Min. Conch.*, T. I, p. 85, pl. XXXIX, fig. 2.
de Grignon.................................. T. 12*a*.
No. 14504. **Turritella imbricataria** Lamk.
Turritella edita Sow.
Voyez :
LAMARCK < *Ann. du mus.*, T. IV, p. 216; T. VIII,
pl. XXXVII, fig. 7.
SOWERBY, *Min. Conch.*, T. I, p. 111, pl. LI, fig. 7.
DESHAYES, *Descr. coq. foss. Paris*, T. II, p. 271,
pl. XXXV, fig. 1, 2; pl. XXXVI, fig. 7, 8;
pl. XXXVII, fig. 9, 10; pl. XXXVIII,
fig. 1, 2.
BRONN, *Leth. geogn.*, T. VI, p. 487, pl. XLI, fig. 1.
de Grignon.................................. T. 12*a*.
• 14505. **Id.** de Cuise............................ " 12*a*.

No. 14506. **Turritella vermicularis** Risso.
Turbo vermicularis Brocchi.

Voyez:

Risso, *Env. Nice*, T. IV, p. 108.
Brocchi, *Conch. Subap.*, T. II, p. 372, pl. VI, fig. 13.
Hörnes, *Foss. Moll. tert. Wien*, T. I, p. 422, pl. XLIII,
    fig. 17—18 . . . . T. 12*a*.
" 14507. **Id.** de Banyuls dels aspre . . . . " 12*a*.

No. 14508. **Turritella abbreviata** Desh.

Voyez:

Deshayes, *Descr. coq. foss. Paris*, T. II, p. 288,
    pl. XXXVIII, fig. 8, 9.
de Cuise. . . . . T. 12*a*.

No. 14509. **Turritella sulcata** Lamk.

Voyez:

Lamarck < *Ann. mus.*, T. IV, p. 216; T. VIII,
    pl. XXXVII, fig. 8.
Deshayes, *Descr. coq. foss. Paris*, T. II, p. 287,
    pl. XXXVIII, fig. 5—7.
de Grignon . . . . T. 12*a*.

No. 14510. **Turritella multisulcata** Lamk.

Voyez:

Lamarck < *Ann. mus.*, T. IV, p. 217.
Deshayes, *Descr. coq. foss. Paris*, T. II, p. 288,
    pl. XXXVIII, fig. 10—12
de Chaumont. . . . . T. 12*a*.

No. 14511. **Turritella fasciata** Lamk.

Voyez:

Lamarck < *Ann. mus.*, T. IV, p. 217; T. VIII,
    pl. XXXVII, fig. 6.
Deshayes, *Descr. coq. foss. Paris*, T. II, p. 284,
    pl. XXXIX, fig. 1—20; pl. XXXVIII,
    fig. 13, 14, 17, 18. . . . . T. 12*a*.

No. 14512. **Turritella** *sp.* (canalis?) . . . . T. 12*a*.
" 14513. **Id.** . . . . " 12*a*.
" 14514. **Id.** d'Albiuga, Gènes. . . . . " 12*a*.
" 14515. **Id.** . . . . " 12*a*.

MÉLANIDES.

No. 14610. **Melanopsis Parkinsoni** Desh.
    Melanopsis brevis Sow.
        Voyez:
      Deshayes, *Descr. coq. foss. Paris*, T. II, p. 123,
          pl. XVII, fig. 3, 4.
      Sowerby, *Min. Conch.*, T. VI, p. 42, fig. 523.
      de Cuise . . . . T. 12a.

No. 14611. **Melanopsis obtusa** Desh.
        Voyez:
      Deshayes, *Descr. coq. foss. Paris*, T. II, p. 123,
          pl. XIV, fig. 22, 23.
      de Cuise. . . . . T. 12a.

No. 14612. **Melanopsis** *sp.* de Cuise . . . . T. 12a.
   14613. **Id.** de Montpellier . . . . » 12a.

No. 14520. **Melanopsis (buccinoïdea** Lamk.?) . . . . T. 12a.
   14609. **Id.**   **Id.?**   de Cuise . . . » 12a.

No 14521. **Melania lactea** Lamk.
    Bulimus lacteaus Brug.
    Muricites melaniaeformis Schloth.
        Voyez:
      Lamarck < *Ann. mus.*, T. IV, p. 430; T. VIII,
          pl. LX, fig. 5.
      Deshayes, *Descr. coq. foss. Paris*, T. II, p. 106,
          pl. XIII, fig. 1—5.
      Bruguière < *Encycl.*, T. I, p. 324.
      Schlotheim, *Petref.*, T. I, p. 149.
      de la Chapelle . . . . T. 12a.
   14522. **Id.**   1b.   . . . . » 12a.

No. 14523. **Melania costellata** Lamk.
        Voyez:
      Lamarck < *Ann. mus.*, T. IV, p. 430; T. VIII,
          pl. LX, fig. 2.
      Deshayes, *Descr. coq. foss. Paris*, T. II, p. 113,
          pl. XII, fig. 5, 6, 9, 10.
      de Cuise . . . . T. 12a.

No. 14524. **Melania hordacea** Lamk.
        Voyez:
      Lamarck, *Anim. sans vert.*, T. VII, p. 544.
      Deshayes, *Descr. coq. foss. Paris*, T. II, p. 107,
          pl. XIII, fig. 14, 15, 22, 23 . . . . T. 12a.

PALUDINES.

No. 14653. **Cyclostoma elegans** Desh.
Voyez:
Deshayes, *Descr. coq. foss. Paris*, T. II, p. 75, pl. VII, fig. 4, 5.
de Montpellier .... T. 12*a*.

GASTÉROPODES PULMONÉS.

COLIMACIDES.

No. 14671. **Helix (spiralis** Serr?) d'Hérault .... T. 12*a*.

No. 14672. **Helix Rebouli** Leufroy.
Voyez:
Leufroy < *Ann. sc. nat.*, T. XV, p. 406, pl. XIa, fig. 4—6.
d'Hérault .... T. 12*a*.

No. 14673. **Helix Draparnaldi** Serr.
Voyez:
Serres < *Ann. sc. nat.*, T. XI, p. 404.
de Cette .... T. 12*a*.
» 14674. **Id.** *sp.* d'Aix en Provence .... » 12*a*.
» 14675. **Id.** *sp.* .... » 12*a*.

CÉPHALOPODES.

NAUTILIDES.

No. 14829. **Nautilus umbilicaris** Desh.
Voyez:
Deshayes, *Descr. coq. foss. Paris*, T. II, p. 767, pl. XCIX, fig. 1, 2.
de Chaumont .... T. 12*a*.

SPIRULIDES.

No. 14820. **Beloptera belemnitoïdea** Blainv.
Beloptera belemnoïdea Desh.
Voyez:
Blainville < *Dict.*, T. XLVIII, p. 290, pl. XX, fig. 8.
Deshayes, *Descr. coq. foss. Paris*, T. II, p. 716, pl. C, fig. 4, 5.
de Chaumont .... T. 12*a*.

Articulés.

ANNÉLIDES.

TUBICOLES.

No. 14797. **Serpula decussata** Lamk.
Voyez:
LAMARCK, *Anim. sans vert.*, T. V, p. 363.... T. 12*a*.

No. 14798. **Serpula aspera** Defr.
Voyez:
DEFRANCE < *Dict.*, T. XLVIII, p. 566...... T. 12*a*.

No. 14799. **Serpula variabilis** Defr.
Voyez:
DEFRANCE < *Dict.*, T. XLVIII, p. 569.
de Cuise.................................... T. 12*a*.

No. 14800. **Serpula striata** Defr.
Voyez:
DEFRANCE < *Dict.*, T. XLVIII, p. 566.
de Chaumont............................. T. 12*a*.

No. 14801. **Serpula** *sp.* de Montpellier.................... T. 12*a*.

CRUSTACÉS.

CIRRHIPÈDES.

CESSILES.

No. 14816. **Balanus tintinnabulum** Lamk.
Lepas tintinnabulum Brocchi.
Voyez:
LAMARCK, *Anim. sans vert.*, T. V, p. 390.
BROCCHI, *Conch. Subap.*, p. 597.
de Montpellier .... T. 12*a*.

" 14817. **Id.**   1b. .... " 12*a*.

CATOMÉTOPES.

No. 14327. Crustacée (**Grapsus**?) de la Chine............. T. 15*e*.
" 14328. **Id.** **Id.**? 1b. .... " 15*e*.

INSECTES.

No. 14041. **Coleoptère**? d'Oeningen .. .. T. 23*c*.
" 14042. **Id.** Ib. .... " 23*c*.
" 14043. **Id.** Ib. .. .. " 23*c*.
" 14044. **Id.** Ib. ....: " 23*c*.
" 14045. **Id.** Ib. .... " 23*c*.
" 14046. **Id.** Ib. .... " 23*c*.
" 14047. **Id.** Ib. .... " 23*c*.
" 14048. **Id.** Ib. .... " 23*c*.
" 14049. **Id.** Ib. .... " 23*c*.
" 14050. **Id.** Ib. .... " 23*c*.
" 14051. **Id.** Ib. .... " 23*c*.
" 14052. **Id.** Ib. .... " 23*c*.
" 14053. **Id.** Ib. .... " 23*c*.
" 14054. **Id.** Ib. . . .. " 23*c*.
" 14055. **Id.** Ib. .... " 23*c*.
" 14056. **Id.** Ib. .. .. " 23*c*.
" 14057. **Id.** Ib. .... " 23*c*.
" 14058. **Id.** Ib. .... " 23*c*.
" 14059. **Id.** Ib. .... " 23*c*.
" 14060. **Id.** Ib. .... " 23*c*.
" 14061. **Id.** Ib. .... " 23*c*.
" 14062. **Id.** Ib. .... " 23*c*.

Poissons.

PLACOIDES.

SQUALIDES.

No. 14830. **Dent de requin** de Cuise .... T. 12*a*.

CYCLOIDES MALACOPTÉRYGIENS.

HALÉCOIDES.

No. 14296. **Mallotus villosus** Cuv.
         Salmo groenlandicus Bloch.
         Clupea villosa Gm.
         Clupea sprattus Blainv.
         Salmo arcticus Krüg.
            Voyez:
            Agassiz, *Poiss. foss.*, T. V, part. II, p. 98, pl. LX.
            Bloch, *Ichthyol.*, T. XI, p. 80, pl. CCCLXXXI, fig. 1.
            Blainville, *Ichthyol.*, p. 63.
            Blainville, *Pisch.*, p. 157.
         de Groenland .... T. 15*d*.

ÉSOCIDES.

No. 14287. **Esox lepidotus** Ag.
            . Voyez:
            Agassiz, *Poiss. foss.*, T. V, part. II, p. 74, pl. XLII.
         d'Oeningen . ... T. 15*a*.
  14288. **Id.** Ib.   .... " 15*a*.
  14289. **Id.** Ib.   .... « 15*a*.
  14240. **Id.** Ib.   .... » 15*a*.
  14241. **Id.** Ib.   .... " 15*a*.
  14242. **Id.** Ib.   .... " 15*a*.
  14243. **Id.** Ib.   .... » 15*a*.
  14244. **Id.** Ib.   .... « 15*a*.
  14245. **Id.** Ib.   .... » 15*a*.

No. 14246. **Esox lepidotus** Ag. d'Oeningen .... T. 15*a*.
" 14247. **Id.** Ib. .... " 15*a*.
" 14248. **Id.** Ib. .... " 15*a*.
" 14249. **Id.** Ib. .... " 15*a*.
" 14250. **Id.** Ib. .... " 15*a*.
" 14251. **Id.** Ib. .... " 15*a*.
" 14252. **Id.** Ib. .... " 15*a*.
" 14253. **Id.** Ib. .... " 15*a*.
" 14254. **Id.** Ib. .... " 15*a*.
" 14255. **Id.** Ib. .... " 15*a*.
" 14256. **Id.** Ib. .... " 15*a*.

CYPRINOIDES.

No. 14257. **Leuciscus** *sp.* d'Oeningen .... T. 15*b*.
" 14258. **Id.** .... " 15*b*.
" 14259. **Id.** .... " 15*b*.
" 14260. **Id.** .... " 15*b*.
" 14261. **Id.** .... " 15*b*.
" 14262. **Id.** .... " 15*b*.
" 14263. **Id.** .... " 15*b*.
" 14264. **Id.** .... " 15*b*.
" 14265. **Id.** .... " 15*b*.
" 14266. **Id.** .... " 15*b*.
" 14267. **Id.** .... " 15*b*.
" 14268. **Id.** .... " 15*b*.
" 14269. **Id.** .... " 15*b*.
" 14270. **Id.** .... " 15*b*.

CYCLOIDES ACANTHOPTÉRYGIENS.

SCOMBÉROIDES.

No. 14219. **Mene rhombeus** Bronn.
   Scomber rhombeus Volta.
   Zeus rhombeus Blainv.
   Gasteronemus rhombeus Ag.
     Voyez:
   Bronn, *Leth. geogn.*, T. VI, p. 697, pl. XLII*, fig. 3.
   Volta, *Ittiol. Veron.*, p. 84, pl. XVIII.
   Blainville, *Ichthyol.*, p. 52.
   Agassiz, *Poiss. foss.*, T. V, part. I, p. 20, pl. II.
   de Monte Bola .... T. 15*a*.
" 14220. **Id.** Ib. .... " 15*a*.

No. 14271. **Anenthelum** *sp.* de Glarus... .... T. 15*d*.
» 14272. **Id.** .... » 15*d*.
» 14273. **Id.** .... » 15*d*.
» 14274. **Id.** .... » 15*d*.
» 14275. **Id.** .... » 15*d*.
» 14276. **Id.** .... » 15*d*.
» 14277. **Id.** .... » 15*d*.
» 14278. **Id.** .... » 15*d*.
» 14279. **Id.** .... » 15*d*.
» 14280. **Id.** .... » 15*d*.
» 14281. **Id.** .... » 15*d*.
» 14282. **Id.** .... » 15*d*.
» 14283. **Id.** .... » 15*d*.
» 14284. **Id.** .... » 15*d*.
» 14285. **Id.** .... » 15*d*.

CTÉNOIDES.

AULOSTOMES.

No. 14235. **Fistularia tenuirostris** Ag.
Esox belone L.
Esox longirostris Blainv.

Voyez :

Agassiz, *Puiss. foss*, T. IV, p. 14, 280, pl. XXXV, fig. 4.
Volta, *Ittiol.*, p. 18, pl. V, fig. 2.
Blainville, *Ichthyol.*, p. 37.
de Monte Bolca............................. T. 15*a*.

SQUAMMIPENNES.

No. 14223 **Ephippus longipennis** Ag.
Chaetodon mesoleucus Volta.
Chaetodon rhombus Blainv.
Chaetodon chirurgus Volta.

Voyez:

AGASSIZ, *Poiss. foss.*, T. IV, p. 225, pl. XL.
VOLTA, *Ittiol. Veron.*, p. 41, 177, pl. X, fig. 1;
    pl. XLIII.
BLAINVILLE, *Ichthyol.*, p. 49.
de Monte Bolca . ... T. 15*a*.

No. 14224. **Id.** Ib. .... " 15*a*.

No. 14221. **Scatophagus frontalis** AG.
    Chaetodon argus L.

Voyez:

AGASSIZ, *Poiss. foss.*, T. IV, p. 15, 231, pl. XXXIX, fig. 4.
VOLTA, *Ittiol.*, p. 44, pl. X, fig. 2.
de Monte Bolca............................... T. 15*a*.

" 14222. **Id.** Ib. .... " 15*a*.

PERCOÏDES.

No. 14225. **Smerdis minutus** AG.
    Perca minuta BLAINV.

Voyez:

AGASSIZ, *Poiss. foss.*, T. IV, p. 54, pl. VIII, fig. 5, 6.
BLAINVILLE, *Ichthyol.*, p. 66.
BRONN, *Leth. geogn.*, T. VI, p. 706, pl. XLII*, fig. 7.
de Monte Bolca............................. T. 15*a*.

" 14226. **Id.** Ib. .... " 15*a*.
" 14227. **Id.** Ib. .... " 15*a*.

No. 14228. **Smerdis macrurus** AG.

Voyez:

AGASSIZ, *Poiss. foss.*, T. IV, p. 7, 57, pl. VII.
de Monte Bolca............................. T. 15*a*.

" 14229. **Id.** Ib. .... " 15*a*.

No. 14233. **Smerdis pygmaeus** AG.

Voyez:

AGASSIZ, *Poiss. foss.*, T. IV, p. 6, 53, pl. VIII, fig. 3, 4.
de Monte Bolca............................. T. 15*a*.

" 14234. **Id.** Ib. .... " 15*a*.

No. 14230. **Smerdis micracanthus** Ag.
             Holocentrus maculatus Bloch.
             Amia indica Volta.

             Voyez:

             Agassiz, *Poiss. foss.*, T. IV, p. VI, 38, pl. VIII,
                 fig. 1, 2.
             Volta, *Ittiol.*, p. 149, 284, pl. XXXV, fig. 4;
                 pl. LVI, fig. 3.
             de Monte Bolca .... T. 15*a*.

No. 14231. **Smerdis** *sp.* de Monte Bolca .... T. 15*a*.
  „ 14232. **Id.**   Ib.   .... „ 15*a*.

No. 14294. **Poisson** *à déterminer*, d'Aix en Provence..... T. 15*d*.
  „ 14295. **Id.**   Ib.   Ib.   ..... „ 15*d*.
  „ 14236. **Id.**   Ib.   de Monte Bolca....... „ 15*a*.

www.ingramcontent.com/pod-product-compliance
Lightning Source LLC
Chambersburg PA
CBHW071500200326
41519CB00019B/5814